W0045104

Sonja A. Buholzer   **Woman Power**

Sonja A. Buholzer

WOMAN POWER

Karriere machen, Frau sein

orell füssli Verlag

© 2014 Orell Füssli Verlag AG, Zürich
www.ofv.ch
Alle Rechte vorbehalten

Dieses Werk ist urheberrechtlich geschützt. Dadurch begründete Rechte, insbesondere der Übersetzung, des Nachdrucks, des Vortrags, der Entnahme von Abbildungen und Tabellen, der Funksendung, der Mikroverfilmung oder der Vervielfältigung auf andern Wegen und der Speicherung in Datenverarbeitungsanlagen, bleiben, auch bei nur auszugsweiser Verwertung, vorbehalten. Vervielfältigungen des Werkes oder von Teilen des Werkes sind auch im Einzelfall nur in den Grenzen der gesetzlichen Bestimmungen des Urheberrechtsgesetzes in der jeweils geltenden Fassung zulässig. Sie sind grundsätzlich vergütungspflichtig.

Umschlaggestaltung und Motiv: Hauptmann & Kompanie Werbeagentur, Zürich
Druck: fgb • freiburger graphische betriebe, Freiburg

ISBN 978-3-280-05546-5 .

Die Deutsche Nationalbibliothek verzeichnet diese Publikation in der Deutschen Nationalbibliografie; detaillierte bibliografische Daten sind im Internet über http://dnb.d-nb.de abrufbar.

MIX
Papier aus verantwortungsvollen Quellen
FSC
www.fsc.org
FSC® C106847

*»Manche Männer
bemühen sich
lebenslang,
das Wesen einer Frau
zu verstehen.*

*Andere befassen sich
mit weniger schwierigen
Dingen.*

*Zum Beispiel
der Relativitätstheorie.«*

Albert Einstein

Alle Namen in diesem Buch wurden geändert.

Inhalt

Einleitung

» Well behaved
women rarely
make history.«

Eleanor Roosevelt

Unter die Haut gehen mir die Tränen erfolgreicher Frauen. Zu sehr haben sie sich eingepasst, ihre Weiblichkeit beschnitten – und mit ihr Träume, Visionen, Enthusiasmus, Humor, Dreistigkeit und die unbändige Lust auf Leben verloren.

Zurück zum Anfang, nochmals von Neuem, bitte: Feminität ist das immense Karrierekapital von Frauen, ihr USP, die zauberhafte Essenz, die selbst ganz oben in den Chefetagen gewollt und gesucht ist!

Feminität leben. Genießen. Spielerisch experimentieren. Einfach vormachen und den Männern erklären. Das ist der Weg.

Nicht kämpfend, dafür lustvoll.

Nicht wertend, sondern experimentell erneuernd.

Nicht ideologisch, dafür wach, weitsichtig, vorausblickend, neugierig und – immer wieder erklärend.

Weibliche Karriere soll zutiefst weiblich gelebt werden. In spannenden, berührenden, pointierten Gesprächen mit Managerinnen und Managern durfte ich lernen, dass Männer in der Akzeptanz von Frauen auf Topmanagement-Level sogar oft viel weiter sind als Frauen selber.

Frauen haben bis heute zu oft nicht internalisiert, wie kostbar ihr innerer Wert, wie hoch ihr Marktwert auf der Welt ist. So wenig wie ihre Aufgabe für die Zukunft des Planeten. Schwesternneid verhindert Klarsicht, Altruismus benebelt den Geist und verhindert die weibliche Fähigkeit einer ganzheitlichen Weltsicht. Zu oft haben es Frauen verpasst, ihre eigene Geschichte zu verstehen, zu oft stehen sie sich dabei auch selbst im Weg. Sie haben nicht verstanden, dass Männer vielleicht längst weniger Probleme damit haben, sie als mächtige Chefinnen zu akzeptieren als Frauen sich selbst.

Frauen haben alles. Nun folgt das letzte Erfolgskapitel, das da heißt: Aufbau der Fähigkeit, politisch geschickt zu agieren, sich mit viel (weiblicher) Sensitivität zu vermarkten, Weiblichkeit als Programm einzusetzen und gleichsam das alte Spiel um Weibchen-Dasein zu beenden.

Männer hätten die schöne Aufgabe, Frauen auf diesem Weg zur autonomen, starken, zutiefst reifen Feminität zu begleiten und als Sparringpartner zu stärken. Wenn jeder nur auf sich selbst fokussiert ist, gelingt Zukunft kaum zusammen.

Die kraftvolle, unabhängige und autonome Frau macht im männlichen Regelwerk das Spiel. Sie kennt die Spielregeln und spielt sie stückweise mit und – aus. Sie gestaltet um und beeindruckt durch ihr Anders-Sein. Sie erklärt sich als Frau. Sie macht gemeinsame Sache mit anderen autonomen Frauen und versteht sich vorzüglich auf Self-Marketing und politisches Lobbying. Sie beherrscht das Spiel um Macht und Geld, um Territorium und Wettbewerb. Doch spielt sie es nicht primär um ihretwillen, sondern weil sie daran Freude hat, weil sie etwas Gutes schaffen will und nachhaltig der Welt etwas geben möchte. Viele Gespräche, viele Einsichten, viele Widersprüche auch und dennoch – der rote Faden mit klaren Handlungsimpulsen. Von dem und mehr handelt dieses Buch.

Aufbruch in die bunte Welt der Feminität ist das Thema, in der Frauen all ihre weiblichen Anteile in ihrem Denken und Handeln vereinen können. Weg mit all dem Farblosen, Grau und Schwarz-

Weiß angehängten, untaillierten Kostümhaften. Weg mit Managementsprüchen, die Weiblichkeit und Sensitivität nicht im Ansatz sprachlich erfassen und nur ausdrücken, was ein Mann fühlt, spricht, will.

Die Macht der Sprache, die Kunst des Self-Marketing, politische Karrierestrategien, weibliche Taktik und das Sichtbarmachen eigener Leistung gehören zum Weg nach oben.

Wir sind auf dem dünnen Eis zwischen der Befreiungstheologie unserer Karriere und historischen Selbstansprüchen grandios gestolpert. Wir brauchen den neuen Kaltstart. Mit dem Wissen von heute. Und dem Mut, alle Regeln zu brechen und nur noch einen Weg zu gehen: den, welchen wir in uns selbst als Frau – fühlen.

Es gilt, Abschied von falschem Perfektionismus zu nehmen, von Anpassung und zu hohen Ansprüchen. Es gibt nur einen Anspruch: jenen, als Frau sich selbst zu passen. Und dabei das Leben zu leben, das wir in unserem Frauenherzen spüren.

Frauen waren Jahrtausende Unterdrückte und sind es hier und jetzt in etlichen Ländern dieser Welt noch immer. Der Umgang mit Freiheit scheint noch nicht gelungen zu sein. Es braucht noch etwas Übung, einige Kunstgriffe und ein politisches Repertoire für Leichtigkeit im Umgang mit Widrigkeiten. Wenn Fremdunterdrückung durch Selbstunterdrückung ersetzt wird, scheinen noch Strickmuster vorhanden zu sein, die in bizarren, unglückseligen Fremdbildern und dem extrem kleinen Selbstbewusstsein als Frau wurzeln. Erst wenn wir unsere wahre Provenienz entdecken, wenn wir die von Verena Stephan vor Jahrzehnten proklamierten »Häutungen« auch heute noch vollziehen, bleibt das Prunkstück FRAU als Kernelement des Glücks. Weiberglückseligkeiten, das fand schon die Romantik, wurzeln in anderen Dingen als Männerglück. Und diese Trouvaillen müssen in die neuen Leben integriert werden. Wild, frei und unheimlich unangepasst – nur so kann Karriere für Frauen angenehm und unbedingt lustvoll sein.

Vorbei das Bild der angepassten Managerin und der international tätigen Geschäftsfrau, Künstlerin, Politikerin, Unternehmerin, Grenzgängerin – zwischen New York, Zürich und Singapur, ohne oder mit virtuell vernetztem Partner in sicherer Distanz, meist ohne Kinder. Zurückgehaltene Post und ein leerer Kühlschrank sind starke Metaphern für die innere Verwaisung vieler Frauen, die komplett autonom Erfolg, Unabhängigkeit, Power und Kraft leben. Zu einem ungeheuer hohen Preis. Als Treibholz angeschwemmt im Hafen der Isolation und Einsamkeit, ohne Halt, mit wenig Liebe, Wärme, Geborgenheit, Heimat. Im Tränenreich der nächtlichen Stille und an leeren Wochenenden füllen sie ihre Seelen und Körper mit digitalen Inhalten und einem Overload an geballter Arbeitsleistung. Getrieben von 24-Stunden-E-Mails gerät Frau unweigerlich in die Leistungsspirale. Ausgepowert, erschöpft, gestresst bis zur Ungenießbarkeit für ihre Umwelt. Wer sich selber so lieblos behandelt, braucht eine Atempause. Eine Denkpause. Einen Weg zu ausgesuchten Perlen des Glücks weiblicher Realität. Eine Verabschiedung der »alten Karrierefrau«, die sich niemals geliebt hat und keinen Platz in der weiblichen Zukunft hat: Dauermobil, 24-Stunden-Erreichbarkeit, digital vernetzt mit mehreren Kommunikationssynapsen am Brustkasten, zunehmend sinnentleert und tief innen im Leistungsmodus, mehr als es ein männlicher Steppenwolf nur sein kann, verliert sie ihren Zugang zu ihrer Seele, ihrem weiblichen Körper, ihren Träumen. Was sich präsentiert, ist ein Kaleidoskop von Irrungen und Wirrungen.

Starke Frauen zeigen sich an der Seite schwacher Männer, die eine Neuauflage ihrer Mutter suchen oder wenigstens eine starke Schulter. Mütter erziehen weiterhin künftige Manager, die unfähig sind, hochbegabte Frauen zu akzeptieren. Töchter wollen weniger denn je wie ihre dauergestressten Mütter werden und suchen ihr Glück anderswo.

Männliche Unternehmenskulturen erdrücken ihre weiblichen Frauen nach wie vor. Nur die ganz harten überleben. Sie müssen männlicher als Männer werden, um zu bestehen, um dann im Blind-flug ganz unterzugehen. Weil die beste Frau nie ein Mann sein wird. Das ist aber kein Grund zum Jammern, sondern zur Korrektur: Lust vor Last und Spaß vor Verbissenheit in der Karriere ist der Weg.

Dieses Buch will denn auch Glücksmomente evaluieren für un-angepasste und ehrgeizige Frauen mit höchsten Ansprüchen. Und dabei ein Plädoyer sein und eine offene Diskussion über ein Tabu führen, das uns von Millionen von Frauen berichtet, die sich selber ausbeuten, nachdem sie – zumindest in unseren Breitengraden – die Fremdausbeutung abgeschafft haben.

Das Buch ist eine Bestandesaufnahme bisheriger Karrierediskus-sionen und die ultimative Aufforderung an Frauen, den EIGENEN WEG als Frau zu gehen. Als dezidiert bewusster Fremdkörper in männlichen Kulturen selbst-bewusst, lustvoll und leidenschaftlich mitzugestalten, umzugestalten, neue Fragen zu stellen und damit ganze Unternehmenskulturen zu bereichern und in die Zukunft zu führen. Das Anders-Sein als Frau, der XX-Faktor, schafft Win-win-Situationen.

Nur das Anders-Sein als Managerin, Vorstandsvorsitzende und Leaderin im Vergleich zu Männern und ihren Realitäten schafft ech-ten Mehrwert für die Wirtschaft und Politik.

Wenn Frauen sich getrauen, ihr ANDERS-Sein als Mehrwert zu verkaufen, und das Selbstvertrauen aufbringen, in ihrem ANDERS-SEIN auch NEUES zu generieren, wird die Zukunft weiblicher. Nicht nur quantitativ, sondern auch qualitativ.

Dies ist ein offenes Buch, ein provokatives Buch, ein Buch, das Tabus auf den Tisch legt und die Tür zu etwas mehr Glück öffnen möchte. Für Frauen, aber auch für Männer, wie jüngste Beispiele von gestrandeten CEOs zeigen. Es ist ein Buch aus der Praxis von Tausenden von Coaching- und Gesprächsstunden mit weiblichen und männlichen Opinionleadern der Wirtschaft, Politik, Kunst und Öffentlichkeit.

Letztlich zählt das Maß aller Dinge, die richtige Legierung – die über geglücktes Leben entscheidet. Das ist eine Kunst. Sie kann geübt werden. Dies durfte ich in den vielen Gesprächen lernen.

Ihre
Dr. Sonja A. Buholzer

1. » Frauen sind stark. Sie müssen es sein «

Warum viele Frauen jene Männer wurden, die sie früher einmal heiraten wollten

»Frauen, die die gleichen Rechte wie Männer
fordern, sind auf jeden Fall bemerkenswert
genügsam.«

Henning Venske

Frauen sind stark. Sie müssen es sein. Denn ohne sie geht gar nichts. Weder in unserer westlichen Gesellschaft noch im Management. Auf den Schultern der Frauen lasten mittlerweile ganze Männerwelten. Jüngere Frauen, ältere Frauen, Alleinerziehende, Auf-sichgestellte – wir haben eine Realität von Allrounderinnen, die einfach alles machen müssen; Männer sind häufig eingebrochen, Männlichkeit ist knappes Gut. Männer, ausgebrannt, in der Lebenskrise, durcheinander, viele kaum mehr einsetzbar als Väter und Partner, als Mann im Hause schon gar nicht. Die Frau ist zur Dauerarbeiterin geworden, nicht selten komplett überfordert. Sie trägt so viele verschiedene Hüte, dass sie dafür kaum mehr Platz hat im Schrank. Die Emanzipation hat aus Frauen fast Männer gemacht, aus Männern Menschen im Ausnahmezustand. Mindestens ab der zweiten Lebenshälfte wird verpasstes Leben erkannt. Manche Männer verlieren den Kopf; im Ausnahmezustand verlieren sie auch ihre bisher glanzvolle Karriere, nicht selten Frau und Kinder, zerstören ihre Existenz durch kopflose Abenteuer mit hohem Preis. Sie sind auf der Suche. Nach sich, nach Männlichkeit. Suchend nach Auswegen aus der Sinnkrise. Nein, ich verurteile das nicht. Im Gegenteil: Männer sind ebenfalls Opfer der Emanzipation. Denn sie haben es verpasst, den Zug mit den Frauen zu besteigen. Und begreifen nun nicht, was mit ihnen geschieht. Die Verwirrung über das, was einen für eine Frau begehrenswerten Mann ausmacht, ist groß, noch größer die Ratlosigkeit vieler Männer. Sie, die ein Leben lang oft unreflektiert ihre Ernährerrolle spielten, die einfach taten, was man von ihnen als »Mann« erwartete, sie stehen zwischen gestern und morgen und holen das, was heute real ist, als Ernte ein. Das ist ihr gutes Recht.

Das hilft den Frauen kaum weiter. Denn die Familie will ernährt sein, das Haus besorgt, die Rechnungen bezahlt und die Kinder erzogen. Frauen im Belastungsausnahmezustand, Karriere machend und die Familie ernährend, Mutter, Krankenschwester und Sozialarbeiterin zugleich – sie kommen zu kurz. Fast immer. Und immer zahlreicher. Die gesellschaftspolitische Realität lässt sich kaum schönreden. Frauen sind treu. Lassen ihre kranken Partner und Männer nicht einfach stehen. Sie kümmern sich. Und verkümmern nicht selten dabei. Was ich höre, was ich sehe, macht mich betroffen, traurig. Nur manchmal, da lässt eine Ausnahme aufhorchen und erzählt davon, wie sich zwei Menschen gemeinsam entwickeln, wie sie ihr Leben liebevoll teilen, füreinander sorgen und die täglichen Belastungen sorgfältig aufteilen. Das sind Kostbarkeiten inmitten der Scheidungskriege und Trennungsgeschichten.

Heute sind wir Zeitzeugen eines Paradigmenwechsels. Und damit haben wir auch die Kraft, neue Normen zu prägen. Nachhaltiger, weiser, weiblicher und vernetzter in allen Belangen des Lebens.

> *»Ein Macho ist ein Mann,*
> *der alte männliche Attribute*
> *kultiviert – aus Angst, man*
> *könnte ihn für keinen halten.«*
>
> Rainhard Fendrich

Es sind nicht nur die Frauen, auch die Männer sind heute überfordert, gesundheitlich angeschlagen. Alleingelassen, einsam und gnadenlos mit sich selbst, geißeln auch sie sich durch ein Leben, das so wenig mit Lust und so viel mit Last zu tun hat. Sie geben weiter, was sie haben. Oft genug ist das nur noch wenig.

Männer sind im Beruf nicht selten überfordert, finanziell ebenso wie als Familienvater, sie sind angewiesen auf starke Frauen, die sie beraten, die mitverdienen, gleichsam alle Beziehungsarbeit leisten, die sie stützen, unterstützen, für sie da sind, ihre Kinder erziehen.

Aber: Zu viel des Guten einerseits verschreckt die Männer, zu wenig andererseits lässt die Frauen leer ausgehen, weil kaum ein Mann mehr in der Lage ist, ihr das Wasser zu reichen und für sie zu sorgen oder auch nur – sich um sie zu kümmern.

Und was geschieht nun mit den Frauen? Sie übernehmen die Pflichten der Männer, die Arbeiten der Männer, die Dienste der Männer, die Aufgaben der Männer, die Beziehungsarbeit der Männer, den Dienst an der Welt und der Gesellschaft. Sie verdienen oft mehr als Männer. Sie managen oft professioneller als Männer. Sie gebären Kinder. Sie ziehen sie auf, immer häufiger ohne Männer. Sie leben Modelle der starken Frau ohne Männer vor. Und doch sind sie Frauen. In ihrem Anders-Sein. Mit ihren Vielfachbelastungen, ihrer 24-Stunden-Präsenz, leben Frauen heute mehrere Leben nebeneinander und verkümmern selber oft dabei. Ihre Bedürfnisse kommen ganz zuletzt. Oft erlebe ich Frauen, die nicht einmal mehr wissen, was sie sich wünschen, welche Primärbedürfnisse sie immer wieder verletzen. Wie sie sich schlecht behandeln und sich kaum um sich selber kümmern, sich kaum umsorgen und für sich selbst da sind. Hier haben die Männer komplett versagt. Die wenigen liebevollen, standhaften, treuen, zuverlässigen und finanziell integren Partner lassen sich an wenigen Fingern abzählen. Sie sind wunderbare Ausnahmen, schätzenswerte Perlen inmitten von ausnehmend vielen Geschichten von männlichem Versagen. Als Partner, als Vater, als Geschäftsmänner und Ernährer.

Frauen sind nicht mehr optional auf sich selbst angewiesen, sie sind es existenziell. Und zwar für sich und in der Regel gleich auch noch für ihre Kinder. Das starke Geschlecht sind die Frauen. Sie spielen nicht Karriere, sie existieren mitsamt ihren Kindern von der Karriere, ernähren und erhalten Leben. Dies führt dazu, dass diese Frauen kaum noch dazu kommen, sich ihre weiblichen Wohlfühloasen zu erhalten, sondern sie arbeiten rund um die Uhr, weil sonst gar nichts mehr geht. Es gilt also zu überleben. Als Frau gesund zu bleiben. Als Frau lebendig zu bleiben. Als Frau das Leben zu leben, das lebenswert ist. Als Frau: um alle Pendenzen zu managen. In Beruf und Familie. Mit einigen Kunstgriffen im Self-Management ist das möglich:

Es heißt Abschied vom Perfektionismus.

Es heißt Delegation, wo immer es geht – um zum geregelten Schlafpensum zu kommen.

Es heißt Grenzen setzen.

Es heißt Leben in Prioritäten und Mut zur Lücke.

Es heißt Ratio und die Intuition leben.

Es heißt Abschied von Idealvorstellungen und Konsenslösungen.

Es heißt 80/20-Regel und zwar als Must.

Um zu überleben und den Bezugspunkt zum eigenen Frau-Sein nicht ganz zu verlieren, gilt es aber auch, sich Zeitfenster zu schaffen, Frau zu sein. Erotik zu pflegen, Tanz, Musik, Gesang, Philosophie, Literatur, Kunst, Sport, Gesprächskultur, Allein-Sein, Naturerlebnisse, Neues entdecken, die eigenen Träume und Visionen leben. Der Liebe immer wieder eine Chance geben. Altes loslassen, Neues wagen. Das ist weibliches Management. Es beginnt jeden Tag neu. Experimentiert mit beiden Hirnhälften. Urteilt nicht und will lernen. Immerzu. Es schafft Freundeskreise, authentisches Sein. Lebt manchmal unlogisch, dafür mit der Kraft des Idealismus. Lebt kreativ, innovativ und ist immer wieder auf der Suche nach einer besseren Welt. Für Mensch und Tier. Das ist ein Teil der weiblichen Kraft, die ich in vielen Gesprächen als roten Faden beobachte. Und sie ist einfach wundervoll.

Die Stärke der Frauen geht weit zurück

Frauenstärke und »Woman Power« haben historische Wurzeln. Leider befassen sich noch immer wenige Frauen mit ihrer eigenen Geschichte und ohne diese Kenntnisse sind sie stets gutgläubige »History«-Jüngerinnen. Lassen Sie mich hier nur kurz auf das Thema eingehen, wir werden in Kapitel 4 nochmals ausführlich darauf zurückkommen: Schon im Mittelalter managten ganze Witwenbewegungen männer- und vaterlose Gesellschaften, denn aus den Kreuzzügen kehrten kaum noch Männer heim. Sie managten, alphabetisierten, zogen Kinder groß, betrieben Höfe, hielten Vieh, sie lasen die Bibel, begannen Zünfte zu bilden, sie waren das A und O der mittelalterlichen Gesellschaft und entdeckten bereits damals, dass Adam ohne Eva verloren war.

Die Beschneidung der Frauenrechte erfolgte just in dem Moment, als Frauen begannen, die Bibel neu auszulegen und zu verstehen, dass Jesus wohl verheiratet war, dass auch Frauen zu seinen Jüngern gehörten und dass so manches, was man den mittelalterlichen tumben Toren zum Besten gab, purer Nonsens war. Den Frauen wurde verboten zu lesen und zu schreiben. Oder wie es Simone de Beauvoir auf den Punkt brachte: »Als die Frauen zu lesen begannen, trat die Frauenfrage in die Welt.«

Diese besteht bis heute. Im Besonderen in Bezug auf die Managerinnen. Nur heute ist der Preis, den diese bezahlen, absolut. Die Spirale der männerlosen Realität ihres Daseins, das alleinige Versorgen der Kinder, von Haus und Hof, ist eine Spirale, die sich nicht mehr zurückdrehen lässt. Auch nicht soll. Vielmehr setze ich meine Hoffnungen auf die Einsicht dieser Frauen, für sich selber viel mehr zu sorgen. Und dann auf die wenigen Männer, die für sie überhaupt zuverlässige Partner sein können. Und dass Frauen ihre Männer sorgfältig evaluieren, sie prüfen, sie lieben und niemals vergessen, dass sie es auch alleine schaffen, wenn der Mann nicht passt. Denn die Geduld der Frauen war schon immer die Macht der Männer.

Kaum ein Mann kann nachvollziehen, was hier steht. Sehr wohl aber eine Frau. Denn sie selber trägt ein kollektives Wissen in sich, das sie mit allen Frauen dieser Welt und ihrer Geschichte verbindet. Diese Geschichte ist explizit nicht die genuin bekannte »His-Story«, sondern die weitgehend ungeschriebene, nur noch gefühlte Geschichte der Frau, die eine ganz andere ist. Ich gehe mal davon aus, dass Frauen mit einem Sensorium für ihre kollektive Frauengeschichte einen ganz anderen, viel stärkeren Zugang zu den Erfolgsmechanismen weiblicher Karriere haben. Rebellionsgeist, Widerstandsfähigkeit, Selbst-bewusstsein und Lust an der Polemik sind ein Teil der weiblichen Überlebensstrategien unserer Geschichte. Ich rate deshalb allen Frauen, sich mit ausgewählten Exponentinnen der Geschichte der Frau zu befassen und deren spezifische Weiblichkeitsstrategien zu studieren. Das Rad muss nicht neu erfunden, sondern wieder-gefunden werden. Die Geschichte der Frau ist eine weitgehend verschwiegene und nur teilweise rekonstruierbare. Was vor über 2000 Jahren geschah, muss noch mehr erahnt werden als die Puzzlesteinchen danach.

> *»Tell the negative committee*
> *that meets in your head*
> *to sit down*
> *and shut up.«*
> Ann Bradford

Einzelne herausragende Frauen haben die Welt revolutioniert. Ganz zu schweigen von den Namen, die wir nicht kennen. Die uns die männliche Geschichtsschreibung entweder vorenthält oder unter einem Männernamen verkauft. Allein schon diese Frauen sind Vorbilder. Sie zeigen auf, was sie – oft ganz anders als ihre männlichen

Zeitgenossen – zum Erfolg brachte. All das und mehr ist heute für Frauen verfügbar. Ein Waffenarsenal weiblicher Erfolgsstrategien. Sie sind die zweite Haut, der Schutzmechanismus und der Kompass bei Gefahren von zu viel Anpassung und Gleichmacherei. Es gilt, nicht nur die gleichen Rechte einzufordern, sondern auch zusätzliche Rechte als Frau in einer von Männern dominierten Welt: das Recht darauf, weibliche Realitäten als Norm zu leben, dafür mindestens nicht negativ interpretiert oder lächerlich gemacht zu werden. Frauenwelten sind Tummelfelder für weibliche Ambitionen, für Feminität auch in Diskussionen um machtrelevante Positionen. Es ist lebenswichtig, als Frau zusammen mit anderen Frauen Verhärtungen, bedingt durch die tägliche Karrieresituation, zu erkennen und auszukurieren, bevor Dauerschäden passieren. Der Verlust der Weiblichkeit geschieht nur dann, wenn weibliches Bewusstsein fehlt. Und gerade deshalb ist es so wichtig, dass die Geschlechterdifferenz in allen Facetten auch universitär und an Managementausbildungsstätten gelehrt, diskutiert und debattiert wird. Und genauso wichtig ist die Sichtweise des Mannes; sie ist komplementär, elementar und erfolgsrelevant.

Weiblich, frei und eigenwillig soll der Weg der Frau sein. Auf keinen Fall jedoch angepasst, starr in der Zielvorstellung und unterwürfig. Niemals lächeln, wenn es nicht stimmt. Niemals grauweiß, uniformiert, unsichtbar, unauffällig, ohne Kanten und Ecken.

Karriere muss Spaß machen. Muss den ganzen Menschen fordern und fördern, muss permanente Weiterbildung sein, ein Machtpotenzial unternehmerischer Möglichkeiten und ein kreatives, innovatives, experimentelles Labor weiblicher Schaffenskraft. Dazu braucht es auch die richtigen Arbeitgeber, die stimmigen Mentoren und die Steigbügel an Möglichkeiten des Aufstiegs, die von vornherein skizziert sein müssen. Und wenn es hart auf hart kommt, ist es mit Sicherheit wichtig, ein tragfähiges Netz an Menschen zu haben, das berät, das hält, den Rücken stärkt und da ist. Und einen Partner, der passt, ein Wegbegleiter mit Treueschutz, ein Vertrauter, der diese Frau liebt und mit seiner Achtung stützt.

Karriere um jeden Preis? Das Beispiel Belinda R.

Ich gebe Ihnen nun folgend das Beispiel einer Frau, die ohne unterstützenden Partner oder Mentor und ohne ein tragfähiges Netz von vertrauten Menschen Karriere macht. Ich lernte sie vor Jahren kennen und schätzen, bewunderte ihren Arbeitseinsatz und wunderte mich noch viel mehr, wie sie dies alles managte, ohne Klagen, ohne Allüren und ohne Beistand. Doch der Reihe nach.

Belinda R. ist Country Managerin. Sie ist müde. Komplett erschöpft. In ihr steckt eine tiefe und spürbare Traurigkeit. Immer öfter macht sich ihr Herz bemerkbar. Manchmal spürt sie einen Schmerz bis in die linke Hand. Ihre Stimme klingt brüchig, einst war sie glasklar, hell, oft zu hoch früher. Man hat ihr gesagt, sie solle tiefer sprechen. Dies zeige Kompetenz und man höre ihr besser zu in männlichen Kreisen. Nun hat sie wenigstens dieses Problem gelöst. Aber sie klingt, als hätte es ihr die Stimme verschlagen. Ihre Arbeit deckt sie zu. 24 Stunden, sieben Tage, die berühmte McKinsey-Formel 24/7 hat sie längst im Griff.

Das Buch »Lean in!« von Sheryl Sandberg liegt auf ihrem Tisch. Täglich sieht sie die lächelnde ehemalige Google-Chefin und CEO von Facebook und denkt sich ihre Sache dabei. »Häng dich rein!«, empfindet sie als Affront. Sandbergs Einladung, Frauen sollten den Laden aufmischen, tut ihr beinahe physisch weh. Sie mischt auf. Seit Jahren. Sie hängt da so drin, dass sie jede Relation verloren hat. Sie muss das Buch nicht lesen. Sie weiß alles, was da drinsteht. Nicht »Lean in!« ist ihr Thema, sondern »Get out there!«

Die New Yorker Korrespondentin Andrea Köhler schreibt in diesem Zusammenhang treffend: *Es stimmt aber auch, dass die Spitzen-*

jobs über der Glasdecke fast ausschließlich männlich besetzt sind. Frauen haben die besseren Abschlüsse, doch leitende Posten haben sie nur im mittleren Spektrum der Arbeitswelt inne. Und wie kommt es, dass die weiblichen Arbeitnehmer bei gleicher Leistung und Ausbildung noch immer 25 Prozent weniger verdienen als Männer? Also, Cardboard-Men in den Chefsesseln, steckt den Karton-Kopf wieder einmal in eine Statistik. Aber Moment mal: Mehr Frauen in Führungspositionen begrüßen doch alle! Es setzt aber keiner um. Und warum? Weil die Frauen, so sieht es eine, die es nach ganz oben geschafft hat, sich selber im Weg stehen. Sheryl Sandberg, ehemalige Google-Chefin und Chief Operating Officer von Facebook, gibt den Wesen mit dem doppelten X-Chromosom und dem notorischen Hang, das eigene Licht unter den Scheffel zu stellen, einen guten Rat: »Lean in«, *zu Deutsch etwa:* Häng dich rein! Misch mit. *Mehr noch:* Misch den Laden auf! *Aber, Sandberg hat ihre Lektion gelernt,* »mit einem Lächeln«.[1]

Belinda R. ist erfolgreich, erhielt den Award als »Manager of the Year«. »Great job, lady!«, hat ihr der Chef anerkennend gesagt und sie angelächelt. Great job. Genau. Zum Dank hat man ihr für das folgende Geschäftsjahr die zu erreichenden Budgetzahlen dramatisch erhöht. Great job to do, lady … Sie weiß, dass sie diese Zahlen nicht erreichen kann. Jeder weiß das. Und schon klingt der kleine Mann im Ohr und ruft ihr zu: »Try harder, baby! That's, what they want you to prove to survive.« Wenn schon, denn schon. Das berühmte beste Pferd im Stall wird zeigen müssen, was es kann.

Sie mag nicht mehr. Manchmal nicht mehr aufstehen morgens. Wenn sie den Wecker hört, überfällt sie der Spruch eines Freundes, der zu ihr sagte: »So alt wie du aussiehst, kannst du gar nicht werden.« Damals hatte sie gelacht. Heute ist ihr der Spruch in Fleisch und Blut übergegangen. Komplimente, die man ihr macht, hält sie für blasphemisch. Kürzlich wurde sie sogar sauer darüber. Als würde man sich über sie noch lustig machen. Sie fühlt sich müde. Todmüde. Sie möchte schlafen und Ruhe. Ein fast schon grotesker weiblicher Country Manager of the Year, denkt sie. Aber den Titel gab man ihr sowieso nur, weil sie als Gruppenbild mit Dame für ein mediales Ereignis attraktiver war als ein Mann. Und man ihr damit erst recht die Sporen gab. Als sie kürzlich mit jemandem darüber sprach, wandte er sich ab und sagte ihr, sie hätte ein Problem. Basta. Nicht nur eines, dachte Belinda R. Das Problem. Man nennt es Lebenskrise. Eine weibliche Lebenskrise. Und dies noch vor Einsetzen der berühmten hormonell bedingten Störungen, so called Klimakterium.

Diese Managerin ist kein Einzelfall. Sie steht für viele hochbegabte, ehrgeizige und bestausgebildete Frauen in den Teppichetagen. Ihre Situation geht unter die Haut. Sie lässt fühlen, wie schmerzhaft so gelebte Leben sich anfühlen. Wie leidvoll dieses erkämpfte Leben ist und wie viele Opfer Frauen wie Belinda R. dafür erbracht haben. Sie hat keinen Partner. Keine Kinder. Zu Zweitem brauche sie den richtigen Mann. Zu Erstem hätte sie ganz einfach zu wenig Zeit gehabt. Und wenn dann mal ein Mann auftauchte, war es einer der ganz falschen Sorte. Er machte umgehend deutlich, dass sie »dafür« auch keine Zeit zu verschwenden hätte. Punkt. Das Thema Beziehung und Kinder hat sie immer wieder vertagt.

Belinda R. hat gelernt, jederzeit professionell und motiviert zu erscheinen. Viele Jahre der Kaderschmiede und Managementpraxis haben sie zu einer der führenden Frauen ihres Unternehmens gemacht. Sie ist eine Vorzeigefrau geworden, angesehen, gern gesehen, erfolgreich auch in politisch ambivalenten Situationen, unternehmerisch in strategischen Entscheiden, kreativ im Umgang mit Kunden und eine der besten Key Account Managerinnen ihrer Branche. Headhunter suchen sie auf. Sie tut ihren Job. Schaut nicht links, nicht rechts. Immer weiter, immer mehr, immer besser, super loyal und stets auf Achse. Reisend, Sitzungen leitend, Konferenzen mitgestaltend, auch in Hotelzimmern stets online und jederzeit erreichbar. Schlaf kennt sie wenig, immerhin ist sie nicht stolz darauf, mit wenigen Schlafstunden zu überleben, sondern hat erkannt, dass allein schon dieser Fakt sie zu einem Nervenbündel zu machen droht. Doch das kaschiert sie. Sie ist hübsch, artig, adrett, stets gut gekleidet, das Bild einer Frau, Gruppenbild mit Dame vom Feinsten. Was sie anfänglich noch genoss, ist ihr abhanden gekommen. Das Gefühl, erfolgreich zu sein und es hin und wieder zu genießen. Längst weg ist es. Keine Zeit dazu. Jeder Moment zählt, Denken und Handeln verlangen in Zeiten des digitalen Zugriffs auf Kopf, Herz, Hand des Arbeitnehmers absolute Disziplin. Die hat sie, vorbildlich. Und die hat ihre Gefühle verdrängt. Sie fühlt sich selbst nicht mehr. Funktionieren ist alles. Und nur das zählt. Ihr Frau-Sein ist ihr auch abhanden gekommen. Sie genießt den Auftritt ab und zu noch. Doch nicht als Frau, sondern als Managerin. Frau-Sein, Hingabe, Weichsein, Zärtlichkeit, Wärme und mehr – eine Erinnerung an ihre jungen Jahre. Und fast schämt sie sich dafür, früher so verspielt gewesen zu sein. Aber das war einmal. Und wieder macht sich Traurigkeit in ihr breit. Vorbei ist vorbei, meint sie. Man wird älter, weiser. Erfahrener. Wehmut hat immer mit der verlorenen Jugend zu tun. Meint sie rational. Und wieder dieser Schatten der Traurigkeit auf ihrem Gesicht. Es ist mehr als dieses Gefühl. Es ist die absolute Traurigkeit. Resignation. Selbst-Verlust. Das Leben ist ihr abhanden gekommen, Lebendigkeit. Lebensfreude. Enthusiasmus und – Vertrauen in das Leben und seine Besonderheiten. Eine Frau ohne inneres Feuer. Es ist irgendwann erloschen. Und nun ist es kalt geworden. Wie konnte das geschehen, frage ich mich. Frage ich sie. Schweigen …

Als Tochter einer mittelständischen Familie vom Land mit weiteren Kindern ist Belinda R. beruflich einen ganz eigenen Weg gegangen. Ihr Studium verdiente sie sich als Werkstudentin.

Schloss mit Summa cum laude ab. Sie wollte es allen beweisen. Jeden Moment suchte sie Bestätigung. Sie war gut. Sehr gut. Sie begann ihre Karriere im internationalen Umfeld und arbeitete sich mit Fleiß und Akribie bis zum Country Manager ihres heutigen weltweit tätigen Arbeitgebers empor. Nun sitzt sie vor mir und in ihren Augen sind Tränen. Ungeweinte Tränen. Es tut mir weh, zu hören, wie einsam sie ist, zu spüren, wie sich ihre Freude an ihrem Erfolg gewandelt hat in Gefühle des Ausgenütztwerdens, des Opferseins von vermeintlich männlichen Spielen gegen sie. Zu hören, wie sich die Wochenenden anfühlen, wenn 24 Stunden zu wenig scheinen, die infolge der unterschiedlichen Zeitzonen ständig eingehenden E-Mails zu observieren und sie manchmal sogar mitten in der Nacht zu beantworten. »Es wird von uns erwartet, dass wir eine rasche Response-Zeit haben«, sagt sie. Und sie will genügen. Dieses Gefühl des Niemals-Ankommens, es sei wie ein Meer an Potenzial für Selbstsabotagen. Ihr Name steht für absolute Professionalität. Sie führt nicht nur ganze Heerscharen von Männern im Außendienst, sie leitet die gesamte hier ansässige Repräsentanz und liefert die besten Verkaufszahlen weltweit in den Top five. Was sagt sie dazu? »Ich erwarte noch größere Abschlüsse, das hier ist noch nicht genug für das, was wir liefern könnten.« Okay. Als sie vor Kurzem ihren Award erhielt, was sagte sie dazu? »Okay, das ist vermutlich nur ein Mittel, um mich zu manipulieren und mich noch mehr auf die Zahlen anzusetzen; ich scheine ja das beste Pferd im Stall zu sein.«

In solchen Aussagen schwingt so viel Selbstverachtung mit, Verachtung per se gegenüber allem und jedem. Diese starke, attraktive und großartige Managerin ist nicht einen Moment imstande, ihren Erfolg zu genießen. Es geht nicht. Ich habe in vielen Stunden der Beratung mit ihr hautnah erleben müssen, wie sie immer stärker an Lieblosigkeit sich selbst gegenüber erkrankt ist. Sie, die jeden Mann haben könnte, glaubt nicht mehr daran, um ihrer selbst willen geliebt zu werden, sondern nur als Mittel zum Erfolg. Eine kurze Affäre intern scheint ihr dies bestätigt zu haben, was sie bestätigt haben wollte: Man(n) benutzt sie nur. Sie schafft den Ausstieg nicht aus der Spirale, weil sie in einer Art Suchtverhalten nach Erfolg lieber das Hamsterrad weiterdreht, als den Absprung zu wagen. Sie träumt von einem weisen Mann mit Kindern. Sie träumt von einem Leben für ein paar Monate oder Jahre in Südamerika. Sie träumt davon, geliebt zu werden. Ich weiß nicht, ob sie es schafft. Wir arbeiten daran.

Frauen wie Belinda R. hätten alles. Weisheit, Weiblichkeit, Talent, Mütterlichkeit, Führungsstärke, Intuition und viel Ratio, die nötige Härte, um wirtschaftlich erfolgreich zu sein und die ausgleichende Wärme, sozial zu führen. Doch es scheint nie gut genug zu sein. Nie gut genug zu werden, um dieses Gefühl zu erlangen, um ihrer selbst willen geliebt zu sein. Den Argwohn abzulegen, dass man in ihr das »beste Pferd im Stall« (warum nicht gleich Stute!) sieht.

Belinda R. spricht immer wieder davon, den »Abgang« vorzubereiten. Davon, endlich die Work-Life-Balance anzugehen. Ihr Vorgesetzter hat die Entwicklung erkannt und rät ihr, »deinen Weg zu finden«, steht ihr für Gespräche zur Verfügung. Sie jedoch ist argwöhnisch, hält ihn für einen Strategen, der sie zu gesteigerter Performance anhalten will. Alles in allem ist die Struktur komplett verfahren, Verstrickungen und Missverständnisse stehen im Raum. Für Belinda gibt es nur eine Lösung: Introspektion.

– Lieblosigkeit mit sich selbst macht krank.
– Lieblosigkeit lässt Frauen sich selbst ausbeuten.
– Es ist Zeit, die Liebe zu lernen, das Alphabet der Liebe sozusagen, das da heißt: Ich bin liebenswert. Punkt.

Belinda R. darf den Moment nicht verpassen, zu kündigen. Den Flug nach Südamerika zu buchen. Sich damit zu befassen, welcher

Mann an ihrer Seite sie glücklich machen wird. Die Familienplanung in die Hand zu nehmen. An ihrem Selbst zu arbeiten und sich selbst zu verzeihen, mit sich all diese Jahre so unfassbar hart und lieblos umgegangen zu sein. Wenn Belinda dies gelingt, wird sie neue Welten entdecken. Wenn es ihr gelingt loszulassen, wird sie beide Hände voller Glück finden können. Wenn nicht, wird sie dieses Unglück kaum unbeschadet an Körper, Seele und Geist überstehen.

Ist Karriere nicht nur dann sinn-voll, wenn sie uns hilft, unsere Talente und unsere Persönlichkeitsstruktur zu leben, zu entwickeln und zu – genießen? Ist das Leben denn nicht ein Experimentierlabor von Irrungen und Wirrungen, das uns hilft, UNSEREN Weg zu finden? Niemals kann weibliche Karriere meines Erachtens funktionieren, wenn sie an männliche Strukturen angeheftet wird, wenn weibliche Befindlichkeiten und Frau-Sein dem männlichen Strickmuster unterjocht wird und dabei alles verleugnet wird, was die Frau vom Mann unterscheidet; generell und individuell.

Nur im radikalen Bekenntnis zum Anders-Sein kann weibliche Karriere glücken, dort, wo die Frau andere Standpunkte, andere Fragen, andere Wahrnehmungen, eine andere Beurteilung, andere Wertparadigmen, andere Lösungen aufzeigen kann. Und dies, ohne sich vorher – zu entschuldigen notabene. Nur beim Sich-selber-sein geht dies. Nur im innigen Verhältnis zu sich selber, in friedvoller Beziehung zu sich als Frau und auch im Bewusstsein des Frau-Seins, das den Unterschied auch bezüglich Mehrwert im Unternehmen macht. Und in jedem anderen Bereich unserer Gesellschaft.

Im Leben von erfolgreichen Karrierefrauen müssen Häutungen geschehen. Die äußerste Haut hat keine Nerven mehr. Gibt keinen Schutz mehr. Wärmt nicht mehr. Die zweite ist der Schmerz, er führt zurück zu sich selber. Erst wer durch die Tiefen der eigenen Empfindungen gegangen ist, wer das Tal des Leidens an der Selbstentfremdung durchschritten hat, sieht Licht. Leid aushalten heißt auch, die Situation allein aushalten. Darüber sprechen ist sicherlich therapeutisch. Doch am Ende des Tages muss die Frau allein aushalten, was sie bei sich sieht. Verbrannte Haut. Verletzte Seele. Sie lernt dann, sich selber zu verarzten. Unabhängig von anderen, deren Meinung, deren Tipps, deren Hilfestellung – sie muss sich selber helfen lernen. Sie kommt sich selbst nur näher, wenn sie sich die Aufmerksamkeit schenkt, die sie längst nicht mehr kennt. Was nicht innen geschieht – geschieht auch nicht außen. Hier setzt die Häutung an. Auf geschundener Haut wächst etwas Neues nach. Es heißt Reifung, Selbstverantwortung.

Für eine Frau wie Belinda R. heißt ein Neuanfang Kündigung. Pause. Atempause. Stillstand. Erholung. Und dann: fühlen, was als Nächstes nachwächst. Eine Reise nach Südamerika, vielleicht auch nicht mehr. Eine Begegnung, die jäh Einsicht bringt. Ein Alleinsein, das Liebe ermöglicht. Der Glaube an den richtigen Lauf der Dinge ... eben. In jedem Fall aber Loslassen. Liebevoll und im eigenen Rhythmus. Der neue Umgang mit Freiheit ist ein seismografischer; im Fühlen folgt die Wegleitung. Schritt für Schritt. Sich selber verzeihend für das Nicht-perfekt-Sein. Dem anderen verzeihend für das Nicht-verstanden-Haben. Gar nicht übel so.

Belinda R.s Reise wäre eine Reise zu sich selbst. Auf dieser Reise würde sie Wind und Wetter, Sturm und Flaute erfahren. Tiefen und Höhen durchleben, vielleicht auch in große Gefahren geraten. Doch die Gefahr, in ihrem ungelebten Leben zu ersticken, ist weitaus größer als die Chance, auf ihrer Reise Weiten zu entdecken, die sie Glücksmomente einfangen ließe, wie sie sie einst kannte, als sie noch ein kleines Mädchen war und von einer Karriere träumte. Hier würde sich der Kreis schließen und ihre Authentizität wachsen lassen. Ich wünsche es ihr so sehr.

Die Weiblichkeitshürden auf dem Weg nach oben

»Jede Frau ändert sich,
wenn sie erkennt,
daß sie eine Geschichte hat.«

Gerda Lerner

Wenigstens drei relevante Weiblichkeitshürden, denen sich jede Frau wie Belinda R. stellen muss, möchte ich hier erwähnen. Mit diesen lustvoll so umzugehen, dass sie zur experimentellen Basis einer pervertierten Norm werden, muss das Ziel sein. Je mehr Frauen gemeinsam daran arbeiten, desto schneller wird dieses Ziel erreicht werden.

Weiblichkeitshürde 1: Erfolg macht Frauen statusrelevant

Ganz im Gegenteil! Frauen müssen aushalten können, als »tough cooky« grundsätzlich mal infrage gestellt zu werden. Es braucht ein überdimensionales Selbstbewusstsein als weibliches Wesen, auf die eindeutige »Normalität« und übrigens »between the lines« cool zu reagieren. Wenn man weiß, dass Frauen grundsätzlich nicht über ein ebenso eindrückliches männliches Waffenarsenal an Selbstüberschätzung, Selbstbewusstsein, Selbsterhöhung und Selbstmarketing verfügen (die Männer auch mit unvorteilhaftem Aussehen, etlichen Schiffbruchbiografien, wenig Intellekt und noch weniger Talenten immer gut aussehen lassen), dann wird es an diesem Punkt ganz eng. Genau hier endet die genuin schon einmal grundsätzlich selbstkritische, wenig selbstbewusste, schon gar nicht selbsterhöhte, dazu auch altruistisch erzogene, durch dramatische Doppel-X-Chromosomschäden generierte Weiblichkeit im Offside. Frau verfügt nicht nur über wenig politisches Geschick und noch weniger Selbstmarketing, sie zweifelt. Und was noch schlimmer ist: mehr und mehr an sich selbst. Weiblichkeit und Erfolg kratzen sich gegenseitig die

Augen aus und machen die Frau blind für das, was IST! Eine großartige, hochbegabte und zähe Kämpferin, die in männlichen Gefilden die höchsten Stufen des männlichen Olymps bezwang und oben auf dem Thron sitzt. Heureka! Es wäre geschafft, gäbe es da nicht den Konjunktiv II.

Erfolg macht eine Frau nur dann attraktiv und gar attraktiver als die durchschnittliche Frau neben ihr, wenn sie sich als solche fühlt. Ehrt. Schätzt. Den Stolz auf sich selbst lebt, ihn ausstrahlt und genießt. Und genau hier setzt die Arbeit an. Hier ist Arbeit an sich selbst nötig. Weibliches Selbstbewusstsein kann geübt und aufgebaut werden. Je mehr Frauen sich gemeinsam über ihre weiblichen Erfolge freuen und diese als zutiefst weibliche Errungenschaft zelebrieren, desto mehr geht es in die weibliche Seele hinein. Nur Frauen können die Realität, die Norm oder das, was als »normativ« und »normal« gilt, durch die Qualität ihrer Repräsentanz und deren Quantität verschieben. Von außen wird sich nichts ändern. Die New Yorker Korrespondentin Andrea Köhler schreibt hierzu: *Smiley-Frauen sollen wir werden, den lächelnden Mund aufmachen, wenn einer der Herren in Reihe eins uns unterbricht. Und überhaupt, liebe Frauen, trauen wir uns doch mehr zu!*

Doch ganz so einfach ist es nun auch wieder nicht, das sieht auch Sandberg so. Attraktiv oder ambitioniert, beliebt oder »bossy« – das sind für Frauen nicht nur unvereinbare Alternativen, das ist ein ganzes Verhaltens-Set an täglich neu auszutarierenden Vorsichtsmaßnahmen. Denn – und hier kommen wir zum Kern des Dilemmas – ehrgeizige Frauen mag man nicht. Männer, die offen nach Macht und Einfluss streben, werden von beiden Geschlechtern geschätzt, erfolgreiche Frauen gelten als unsympathisch.

Diesbezüglich zu trauriger Berühmtheit gelangte das Heidi-Howard-Experiment an der Harvard Business School, bei dem zwei Gruppen von Studierenden der Lebenslauf der Unternehmerin Heidi Roizen in die Hand gedrückt wurde – einmal mit ihrem richtigen Namen, das andere Mal mit dem Namen Howard. Beide Gruppen waren sich einig, was die Tüchtigkeit von Heidi und Howard betraf. Die persönliche Einschätzung aber fiel sehr verschieden aus. Heidi, fanden die Befragten unisono, sei egoistisch, eine »Person, mit der man nicht zusammenarbeiten möchte«. Howard dagegen wurde höchste Achtung zuteil.[2]

Weiblichkeitshürde 2: Macht macht Frauen anziehend

Falsch. Ganz falsch. Weibliche Macht macht Angst. Vorab den Männern. Archaisch, existenziell. Sie macht suspekt, vorab für die normativ und wenig differenzierte gesellschaftliche Mehrheit. Frauen mit Macht und Status werden noch immer hinterfragt. Sie sind politisch und jederzeit Gegenstand kontroverser Diskussionen. Was immer Frau tut, es wird observiert. Auch medial. Die mächtige Frau steht im Schaufenster, ob sie will oder nicht. Sie muss ein äußerst intaktes Nervenkostüm, Selbstbewusstsein und ein inniges loyales Netz an Familiensupport und Freunden haben, um dies nicht nur auszuhalten, sondern auch zu genießen, worum es geht. Sie braucht eine Portion Lust auf Provokation, einen gewissen Hang zum Exhibitionismus und ein Maß an Freude am großen Auftritt. Ohne all das werden Macht und Erfolg, Status und Weiblichkeit zur sich gegenseitig quälenden Realität. Erst dann kann es gelingen, dass ein Umdenken stattfindet, ein »Umfühlen« und eine neue Normalität Einzug hält, die Frauen genauso attraktiv macht für das andere Geschlecht, wie es bei mächtigen Männern der Fall ist. Doch lesen wir hierzu nochmals eine amüsante Passage aus Köhlers gespitzter Feder:

Darf sie das? Marissa Mayer, eine der erfolgreichsten Frauen der Welt, räkelt sich in der Augustausgabe der »Vogue« in einem körperbetonten Designerkleid und sexy Stilettos auf einer Liege; das lange Blondhaar verführerisch aufgefächert und ein Porträt mit knallrotem Kussmund von sich in der Hand. Eine 37-jährige Powerfrau an der Konzernspitze von Yahoo im provokativen Weibchen-Look, ja, wie Kritikerinnen sogleich bemängelten, »in unterwürfiger Pose«. Das ist nicht das, was wir von weiblichen Führungskräften erwarten. Erotik und Macht ist eine Kombination, die sich – gut geschnittener Anzug, silberner Porsche, silbern meliertes Haar – allenfalls für gestandene Manager schickt. Bei Frauen in höheren Positionen regt sich dagegen schnell der Verdacht, dass sie »dort oben« nur unter Einsatz weiblicher Reize gelandet sind. Die Aufregung über Mayers Auftritt wurde noch dadurch geschürt, dass die im Juli 2012 designierte Konzernchefin unlängst mit ihrer wenig familienfreundlichen Entscheidung, die Arbeit von zu Hause aus zu verbieten, für Kritik gesorgt hatte. Hatte Mayer doch gerade selbst ein Baby zur Welt gebracht.[3]

Weiblichkeitshürde 3: Erfolg macht Frauen gern gesehen und verleiht ihnen ein hohes Sozialprestige

Leider wieder nein. Ganz im Gegenteil. Die Einsamkeitsspirale der Karrierefrau weist brutal nach unten. Da hilft kein Wenn und Aber. So schreibt Norman Mailer: *Männer versuchen jede Qualität bei einer Frau zu zerstören, die ihr die Macht eines Mannes verleihen könnte. Denn in ihren Augen ist die Frau von vornherein mit jener Macht bewaffnet, die sie, die Männer, geschaffen hat.[4]*

Der Status der Frau ist dauerhinterfragt, ihre Weiblichkeit ebenso, auch ihre Einbettung in die Gesellschaft vollzieht sich zögernd. Zu gut und zu brillant darf keine Frau sein. Wo die Gesellschaft am liebsten im Mittelmaß versinkt, unterschiedliche Maßstäbe bei Frauen und Männern fast so selbstverständlich benutzt wie das Salatbesteck – da fehlt es einfach an Intelligenz und Aufgeklärtheit, den Wert einer solchen Frau entsprechend zu honorieren. Weiß das die betroffene Frau, kann sie lernen, damit umzugehen und den Fehler nicht bei sich selber zu suchen.

Wir stellen fest, dass bei einer erfolgreichen Karrierefrau, die ihren Weg nach oben geschafft hat, so ziemlich alles im Offside steht, was die Menschen glücklich macht: Erfolg in Verbindung mit der Steigerung eigener Attraktivität, Bestätigung der eigenen sozialen Anerkennung, gesellschaftliche Honorierung, sozialer Aufstieg, Stärkung des eigenen Selbstwerts und damit einhergehend Flow, Endorphine, Kreativität, Innovation und geistige Freiheit.

Was geblieben ist, sind Hartnäckigkeit, der Glaube an den eigenen eingeschlagenen Weg, Bestätigung an messbaren Resultaten und die paar Stimmen echter Weggefährten und der Familie, die es wissen müssen und zeigen: Great job, great lady, great success and: congratulations!

Nun aber stellt sich die Frage, was Frauen bilanzieren, die in einer Führungsetage gelandet sind. Doch mehr dazu in einem Beitrag von Eva Buchhorn, den ich nicht vorenthalten möchte:

Was denken Frauen, die es trotz Männern in eine Führungsetage geschafft haben? Gelohnt hat es sich nicht. Eine Studie zeigt: Viele Karrierefrauen um die 50 ziehen eine bittere Bilanz. Sie haben einen zu hohen Preis bezahlt – mehr als die Herren Kollegen. Die können immerhin Chef des Vorstands werden.

Was wollen die Unternehmen nicht alles für qualifizierte Frauen tun! Deutsche Konzerne überbieten sich mittlerweile mit Angeboten für ehrgeizige Nachwuchsmanagerinnen. Frauenförderung ist en vogue, nicht erst seitdem die Deutsche Telekom die Frauenquote eingeführt hat. Akademikerinnen gelten als wichtige Ressource, um den demografisch bedingten Fachkräftemangel abzufedern.

Doch vom Hype um die Frauenförderung scheinen längst noch nicht alle Trägerinnen des doppelten x-Chromosoms zu profitieren. Vor allem nicht die Pionierinnen auf dem Feld weiblichen Berufserfolges, Managerinnen um die 50 Jahre. Sie blicken ernüchtert auf ihre Laufbahnen zurück und sind vielfach der Ansicht, dass sich ihre beruflichen Anstrengungen nicht ausgezahlt haben. Etliche planen einen radikalen Kurswechsel und wollen ihre Unternehmen verlassen.

All dies jedenfalls legt eine Studie nahe, die die Soziologin Christiane Funken an der TU Berlin erstellt hat. Die Geschlechterforscherin führte im Auftrag des Bundesfrauenministeriums und auf Initiative des

Managerinnen-Zirkels European Women's Management Development Network (EWMD) Tiefeninterviews mit 30 Managerinnen zwischen 45 und 55. In den ausführlichen Gesprächen nahmen die Frauen zu ihren Erfahrungen und Zukunftsplänen Stellung. Die Studie betritt wissenschaftliches Neuland – eine dezidierte Auswertung der Karrieren älterer Managerinnen lag laut EMWD bisher nicht vor.

Nun sind 30 Gespräche wohl keine repräsentative Grundlage für Urteile über eine ganze Frauengeneration und ihren Berufserfolg. Interessante Hinweise auf die Befindlichkeiten der »weiblichen Profis 50 plus« geben sie aber vielleicht doch. Die Teilnehmerinnen der Studie gehören zur ersten Frauengeneration, die von der Bildungsexpansion der sechziger Jahre und der neu erwachten Forderung nach Chancengleichheit profitierten. Sie sind nach 1955 geboren, konnten Universitäten besuchen und mit liberaleren Partnerschaftsmodellen experimentieren – und sie haben ihre Möglichkeiten gründlich genutzt. In Ausbildung, Berufserfahrung und zeitlichem Engagement für den Job stehen sie ihren männlichen Kollegen nicht nach.

Allerdings zahlten sie privat einen höheren Preis als Männer ihrer Generation, hat Autorin Funken festgestellt: Die Mehrheit der befragten Managerinnen hat keine Kinder und lebt überdies in unkonventionellen und teils anstrengenden Beziehungen. Der Anteil der Doppelkarrieren und der getrennten Wohnsitze ist hoch.

Ihr Berufsleben hat die Frauen in verantwortungsvolle Positionen gebracht – allerdings nicht an die Spitze. Vorstandspositionen und Aufsichtsratsposten sind noch immer fest in der Hand der Männer, und die sind typischerweise ebenfalls Mitte 40 bis Ende 50. Während ihre Kollegen vom Schreibtisch gegenüber, mit denen sie einst im Traineeprogramm saßen, also heute die Unternehmen regieren, sind die Karrieren der Frauen auf hohem Niveau eingefroren.

So macht sich in der Lebensmitte Bitterkeit breit. »Das Erreichte steht aus Sicht der Frauen häufig in keinem Zusammenhang zu den erbrachten Opfern«, fasst Funken die Stimmung zusammen. »Das nie-

derschmetternde Fazit lautet: No return on investment«, der Einsatz zahlt sich nicht aus.

Frauen suchen einen Teil der Schuld auch bei sich selbst.

Ehrlicherweise suchen die Frauen die Gründe für die Stagnation ihrer Karrieren nicht nur in mangelnder Unterstützung durch die Arbeitgeber, sondern auch bei sich selbst. Nur eine Minderheit gibt an, sie habe ihre Karriere strategisch geplant. Typischerweise suchten sich die Frauen »interessante Aufgaben«, in denen sie sich entfalten konnten. Bei den meisten bildeten sich erst in der zweiten Lebenshälfte – ab 40 – Ambitionen auf höchste Führungsämter heraus. Da war es bereits zu spät.

Volkswirtschaftlich brisant dürfte aber sein, dass die Enttäuschten mehrheitlich planen, sich in Zukunft nicht weiter für ihre Firma abzurackern: Laut EWMD-Studie plant ein Drittel der Frauen den Ausstieg und sucht neue Aufgaben im Ehrenamt oder dem dritten Sektor. Ein weiteres Drittel hat innerlich gekündigt. Die übrigen kämpfen weiter um Anerkennung und Aufstieg.

Mit Blick auf den in vielen Unternehmen erwarteten Fachkräftemangel könnte die Verweigerung der Frauen durchaus riskant sein. Die Umsteigerinnen nehmen ihr fachliches Know-how und ausgeprägtes Erfahrungswissen mit, »den Firmen geht wertvolles Potential verloren«, konstatiert Funken.

Manche Männer dürften dabei noch neidisch werden. Von ihnen steigen die allermeisten ja auch nicht bis an die Spitze auf. Den Wechsel mit 50 in ein schlecht bezahltes, aber seelisch befriedigenderes Amt in einer NGO muss man sich erst einmal leisten können. Hier sind die finanziell gutgestellten Managerinnen ohne Familienverantwortung ausnahmsweise ganz klar im Vorteil.[5]

Ganz schön ernüchternd, diese Bilanz. Sie lässt aber nun die folgende Generation anders, offener und weitsichtiger ihre Karrieren planen, eine Generation, die mit Sicherheit sehr viel weniger ultimativ Karriere einfordert, dafür umso selbstverständlicher. Karriere zu gleichen Bedingungen wie Männer, unter weiblicheren Vorzeichen, mit viel mehr Selbstvertrauen und Lockerheit dürften die Erfolgsfaktoren der jetzigen Managerinnen-Nachwuchsgenerationen sein. Fassungslos werde ich nur dann, wenn ich sehe, wie rasch sich diese Frauen wieder einordnen, unterordnen und ihre Karrieren relativieren. Karrieren müssen für Frauen viel attraktiver werden. Sonst verzichten sie darauf. In etwa so würde ich den Rahmen junger Frauen skizzieren: Anders-Sein-Dürfen als Frau ist inkludiert, Spaßfaktor ist damit auch gemeint, ein Leben in optionalen Schwerpunkten, die sich abwechseln können, ebenso. Single sein, Mann haben, Kinder bekommen, Karriere machen, einen anderen Beruf ins Zentrum rücken, mehrere Karrieren nebeneinander machen, nichts ist unmöglich. Immer aber unter weiblicher Flagge. Niemals zum Preis der weiblichen Selbstaufgabe, des alten Perfektionismus um jeden Preis, des Alles-auf-einmal-Wollens, des ultimativen und lebensfeindlichen Totalanspruchs auf Karriere.

Anders-Sein als Männer ist zauberhaft

Vor Jahren schrieb ich in einer Tageszeitung eine Kolumne mit einem flammenden Plädoyer zum Anders-Sein von Frau und Mann in sämtlichen Bereichen der Gesellschaft. Frauen fragen anders, interpretieren anders, sehen die Welt anders als ein Mann. Ohne auf die leidige Diskussion nach genetisch oder anerzogenem Verhalten einzugehen, ist es doch so: Männer sind anders, Frauen auch. John Grays scharfsinniger Buchtitel bedarf keiner Überprüfung. Schaut man sich jedoch die Verhaltensweisen von Frauen in Chefetagen oder auch nur in Junior-Karrierepositionen an, muss der Buchtitel allerdings überprüft werden. Da wandeln Tausende von schwarzen Hosenanzügen mit weißen Blusen und kurzem oder langem Haar, Ersteres pflegeleicht unauffällig androgyn verschnitten, Letzteres in der Regel zum distanzierten, schmucklosen Pferdeschwanz gebunden. Frau hat gelernt, dass sie – wenn schon als Frau die Ehre habend, in männlichen Etagen Einlass gefunden zu haben, wenigstens nicht weiblich auffallen soll. Ganz falsch!

Wer lange genug im dunklen Hosenanzug mit weißer Bluse einherschreitet, wird zum dunklen Hosenanzug mit weißer Bluse: brav, unauffällig, dezent, androgyn. Und so ist die Realität. Wer lange genug als Hosenanzug mit weißer Bluse lebt, vergisst die eigene Identität, zumindest als Frau. Von Originalität und Eigenwilligkeit ganz zu schweigen. Diese Frau verleugnet sich selbst in ihrem Anders-Sein. Sie vergisst, dass gerade dieses Anders-Sein für die männliche Unternehmenskultur ein großer Benefit wäre; sie unterwirft sich einer Summe von männlichen Ritualen, an denen sie niemals teilnehmen kann, weil sie immer eine Frau bleibt. Und sie vergisst ihre weiblichen Rituale, die da heißen: Frau-Sein ist wundervoll. Anders-Sein als Männer ist zauberhaft. Als Frau genau die Fragen zu stellen, auf die kein Mann käme – ist DER Benefit für ihren Arbeitgeber. Dort intervenieren, wo sie Unstimmigkeiten und Wertbrüche sieht, ist genau das, was sie einmalig – in der Managementsprache »unique« – macht.

Frauen sind auf frauliche Art immer wieder am gleichen Punkt der Geschichte. Sie sind die beklagenswerten Opfer der Gesellschaft; wenn nicht fremdbestimmt, dann sind sie eigenbestimmt!

Das Fazit: Dunkle Hosenanzüge, weiße Blusen, androgyne Karrierefrauen mit allen Vorzügen ausgestattet, die nur möglich sind, wären bereit, ganze Unternehmenskulturen zu revolutionieren, zu optimieren, zu vermenschlichen, zu verfraulichen und sie in die Zukunft zu führen! Doch sie machen sich selber klein, mutlos und – ganz arg – krank.

Es fehlt am Willen und Selbstvertrauen, den eigenen Weg als Frau ANDERS zu gehen und ganz einfach zu sagen, frei nach Sinatra: »I do it my way!« Denn die Entourage ist männlich.

Fremd. Selbstentfremdung, Selbstverleugnung ist das Schicksal, und es ist fatal. Fatal, sofern Frauen sich weiterhin so masochistisch anpassen und sich damit selber fertig machen. Und den Preis bezahlen, den niemand von ihnen eingefordert hat. Paradoxie total. Fataler Grundlagenirrtum. Frauen erfüllen genau das, was sich kein Mann wünscht. Die Anpassung an ein männliches Regelwerk à tout prix, die Selbstverleugnung als Frau, um männlicher als mancher Mann zu wirken. Die Feminität wird unterdrückt, tabuisiert.

Wie oft höre ich Frauen sagen: »Es spielt doch keine Rolle, ob ich Frau oder Mann bin. Erfolg hat nichts damit zu tun.« Wie fatal, wie falsch, wie selbstverletzend und selbstgerecht zugleich.

Die beste Frau wird immer nur schlechter als der schlechteste Mann sein. Steht sie aber ihre Frau, steht sie zu ihrem Anders-Sein als Frau, zu ihrer anderen Sicht der Dinge, der Welt, zu ihrer Realität – dann hat sie gute Karten, gehört und gesehen zu werden. Denn sie hat mehr Kraft und Einfluss, auch und gerade in Fremdkulturen männlicher Unternehmensbiotope, als sie genuin denkt.

Immer wieder höre ich von Männern, wie sie kopfschüttelnd weibliche Reaktionen und Fragen zur Kenntnis nehmen, sie nicht verstehen, nicht nachvollziehen können. Aber dass sie darüber nachdenken. Und gerade hierin liegt schon sehr viel Potenzial. Wer Menschen zum Nachdenken über scheinbare Normalitäten bringt, hat möglicherweise mehr erreicht, als man glaubt. Denken ist der Schlüssel zur Veränderung. Und genau dies können Frauen mit ihrem Anderssein initialisieren, bewirken und erzielen.

Es geht dabei nicht um Selbstinszenierung, sondern um Authentizität. Frauen werden niemals in männliche Kulturen integrierbar sein, das Puzzleteil kann nicht passen, weil es anatomisch und geistig, seelisch und historisch aus völlig anderem Material gebaut ist als das Puzzleteil Mann. Aber es kann auffallen durch das

Anders-Sein, einfallen in verkrustetes Denken, Handeln und dem Reiter helfen, vom toten Pferd zu steigen. Die Zukunft braucht Frauen, die mutig aufstehen, das Wort »Ich« laut sagen, die Stimme erheben gegen Unrecht und ihre weiblichen Rechte auf das Anders-Sein einfordern. Kein Mann wäre übrigens seinerseits in weibliche Unternehmenskulturen integrierbar, sondern ein analoger steter Fremdkörper.

Es gibt keine Alternative für Frauen. Nur ihre eigene authentische Feminität. Kompromisslos, erklärend, als Programm deklarierend. Konfrontierend und aussprechend, was belastet, was stört, was Seele, Geist und Körper belastet. Was nicht richtig ist: von der Lohndiskriminierung (Frauen fordert euren Marktwert ein!) über die Paradoxie von Fremd- und Selbstbildern und ihren Erwartungen, von ungleicher Promotion (Frauen sagt von Beginn weg, wohin eure Karriere gehen soll und kämpft dafür) bis hin zu einseitigem Verständnis von Beziehungspflege, unternehmerischer Power und durchorganisiertem Karriere- und Familienmanagement.

Alles andere ist eine Endlosspirale ins Burn-out, in die Depression und das selbstinszenierte Unglück. Der Ausweg ist das Anschauen, was ist. Das Analysieren der Ursachen. Die Definition von Exit-Optionen. Das Suchen nach neuen Möglichkeiten. Und dann: trial and error. Es kann nur besser werden. Spannend sind in diesem Zusammenhang auch die sechs Paradoxien für weibliche Leader (Pay Paradox, Double-Bind Paradox, Promotion Paradox, Networking Paradox, Start Up Paradox, Careful-What-You-Wish-For Paradox), wie sie in einem Artikel im Harvard Business Review 2013 beschrieben werden.[6]

Nur Frauen können sich aus der Paradoxienvielfalt befreien. Durch Klarheit und Klartext. Durch proaktives Planen, Neinsagen, Grenzen setzen. Sich selbst sein.

Self-Management für Frauen unter Strom ist elementar:

Es heißt Abschied vom Perfektionismus.

Es heißt Delegation, wo immer es geht – um zum geregelten Schlafpensum zu kommen.

Es heißt Grenzen setzen.

Es heißt Leben in Prioritäten und Mut zur Lücke.

Es heißt Ratio und die Intuition leben.

Es heißt Abschied von Idealvorstellungen und Konsenslösungen.

Es heißt die 80/20-Regel und zwar als Must.

Wie oft höre ich Frauen sagen:»Es spielt doch keine Rolle, ob ich Frau oder Mann bin. Erfolg hat nichts damit zu tun.« Wie fatal, wie falsch, wie selbstverletzend und selbstgerecht zugleich.

Authentische, stilvoll eingesetzte Feminität ist der einzige Schlüssel zur Akzeptanz bei männlichen Entscheidungsträgern.

Mutig,»anders«, frei denkend, autonom, eigenwillig, bunt und weiblich bringt jeder Frau im männlichen Umfeld Attention, Interest, Desire und Action (AIDA). Letzteres dient auch der Beförderung und dem Self-Marketing.

2.

» Wir wollen Frauen. Nicht männliche Imitate «

Was männliche CEOs nie direkt zu Frauen im Management zu sagen wagen

»Es ist die Angst der Frauen
vor ihrer eigenen Feminität,
die bei uns so falsch rüberkommt…«

O-Tone-Statement eines CEOs

Dieses Zitat stammt von einem Vorsitzenden der Geschäftsleitung eines renommierten international tätigen Konzerns. Dieser Topmanager ist ein sehr bekannter und innovativer Unternehmer, sein Hintergrund ist der eines erfolgreichen, stets weiterstrebenden, kreativ-innovativen Kopfes, der schon manche unternehmerische Idee realisiert hat und Frauen mag. Seine Bemühungen, Frauen ins Boot zu holen, sind nachgewiesen. Robert B. ist mir ein lieb gewordener, offener und sehr herzlicher Gesprächspartner, mit dem ich dieses Thema besonders offen angehen konnte. Seit über 30 Jahren kennt er die Szene. Kennt die Ups and Downs von weiblichen Karrieren. Sieht sie kommen, sieht sie gehen. Emotional geht nichts an ihm sang- und klanglos vorbei. Er denkt, denkt nach, denkt laut, teilt sich mit, zieht seine Schlüsse. Hören wir ihm zu.

»Was ich Frauen auf dem Weg nach oben raten würde? Und niemals so direkt zu sagen wagte…, ist Folgendes: Setze die Waffen einer Frau ein, gib deine Emotionen ein, zeige Gefühle, dein wahres weibliches Gesicht. Frauen sind runder, denken ganzheitlicher, sie verfügen über vernetztes Denken. Genau das macht den Unterschied aus! Frauen haben heute Angst davor, Frau zu sein. Frauen haben sich selber in ihrem Frau-Sein stigmatisiert. Sie sehen es als Nachteil an. Sie sind auf tragische Weise entwurzelt in ihrem Frau-Sein. Und wir Männer spüren das. Frau-Sein sieht Frau als ›nichtsalonfähig‹ an, das tun wir Männer aber nicht! Wir mögen und lieben frauliche Frauen, die darauf stolz sind, Frau zu sein. Anders zu sein.

Frauen sind von Angst besetzt, sich selber als Frauen zu feiern und uns damit zu imponieren, dass sie so anders sind! Diese Angst macht Frauen verkrampft, hart und für uns Männer unattraktiv in jeder Beziehung.«

Frauen wollen immer objektiv sein, alles Persönliche, Subjektive wird krampfhaft weggeschnitten. Was bleibt, sind entwurzelte Frauen. Und das, meint Robert B., sind Frauen, die nichts, aber gar nichts bei den Männern durchbringen. Kein Konzept, keinen Antrag, kein Reputationsmanagement, nichts. Doch hören wir ihm weiter zu: »Frauen verfügen zudem über eine perfide Streitkultur. Und gerade eine Streitkultur ist für uns wichtig. Wir wollen uns messen, eine andere Meinung haben, wollen unsere Argumente aufeinanderprallen lassen. Hierarchie wird so determiniert, wir mögen das. Ich habe die Erfahrung gemacht, dass ich mit Männern besser streiten kann. Bei Frauen habe ich immer das Gefühl, dass sie dies eher persönlich nehmen, dass sie nachtragend sind, dass sie Streitgespräche nicht von ihrer eigenen Person unterscheiden können und alles existenziell totalitär und damit auch humorlos nehmen. Zurück bleiben traumatisierte Männer, die nach schlechten Erfahrungen mit Frauen im Management wenigstens ein paar Jahre das heiße Eisen einer Nachfolgerin auslassen und keine Frauen in der Geschäftsleitung mehr wollen. Wie gerne würde ich den Frauen raten zum After-Work-Bier, von mir aus auch After-Work-Tea…, einfach dabei sein, mit uns zusammen bilaterale Themen besprechen, auch mal lachen, humorvoll sein. Kurzum, Freundschaften mit Frauen, auf so ganz lässige Art, wo man offen ist, kumpelhaft auch laut denken kann, geht einfach nicht. Freundschaften mit Frauen sind schwer zu bonden. Es gibt zu viele disturbing factors. Und sicher gehört auch das Mann-Frau-Sein dazu; Kollegialität mit Frauen ist schwierig. Ich habe es nur einmal erlebt. Denn Frauen haben rasch Angst davor, zu viel Nähe aufzubauen, falsch verstanden zu werden. Sie fühlen sich bedroht von so viel Offenheit und Vertrautheit eines freundschaftlichen (und ich meine damit nur freundschaftlichen!) Gesprächs nach der Arbeit.

Das ist halt das, was wir Männer tun. So rücken wir die Welt am Ende des Tages wieder zurecht. Wenn Frauen mit Distanz reagieren, sogar schockiert sind, wenn wir beginnen, mit ihnen Kollegialität und Nähe aufzubauen, werden wir auch zurückhaltend.«

Und Robert B. fährt mit einer höchst interessanten Aussage fort: »Was man(n) sonst nicht sagt, ist die Sache mit dem Outfit. Wenn Frauen ihre Feminität verstecken, sieht man das auch an ihrem Äußeren. Ich schätze Weiblichkeit auch im Aussehen, etwas Lippenstift, die Haare einer Frau, mag es, wenn sie auch mal ein Kleid trägt, statt immer nur diese monotonen Hosenanzüge. Eine Frau eben, die authentisch wirkt, auch im äußerlichen Auftritt. Ich kann einfach nicht verstehen, warum so viele Frauen, und in unseren Breitengraden immer mehr, derart ähnlich angezogen sind: Uniform, Weiblichkeit versteckend oder immerhin kaschierend, Haare züchtig nach hinten zusammengebunden, noch schlimmer männlich nach hinten gekämmt, aufgesteckt, Businessdress nach Vorschriften von unbekannt und einfach langweilig.«

Immer und immer wieder betont mein Gesprächspartner, wie sehr er sich wünscht, einer Frau in der Geschäftsleitung gegenüberzusitzen, die so ganz Frau ist. Und er betont, dass Frauen offensichtlich Angst davor haben, in einer fast rein männlichen Welt in weiblichem Outfit nicht ernst genommen zu werden. Ganz im Gegenteil, sagt er. Je weiblicher, je adrett femininer, je authentischer in ihrer Individualität, ihrem Anders-Sein als Frau, desto willkommener. Er ist es, der nicht genug betonen kann, dass er den weiblichen Auftritt sogar genießt und dass er nicht allein damit ist.

»Ich gehe davon aus, dass die große, große Mehrheit der Männer die Frauen als gleichberechtigt ansieht! Und dass für sie längst eine Selbstverständlichkeit ist, was Frauen – unsichere Frauen – noch immer diskutieren. Wir sehen Frauen auf absolut gleichem Niveau. Frauen dürfen zu uns Vertrauen haben.«

Robert B. betont, dass diese Diskussionen am Thema vorbeizielen. Dass es aber wichtig sei, dass Frauen verstehen, dass sie in ihrem Frau-Sein, in ihrem Anspruch, auch anders zu sprechen, zu präsentieren, daherzukommen, zu reagieren, zu fragen, zu führen, zu Lösungen zu kommen – eben gerade hochwillkommen sind. Als Frauen. »Wir brauchen andere Aspekte als die der Männer, um erfolgreich zu bleiben. Frauen müssen diese anderen Sichtweisen einbringen und den Mut dazu haben. Frauen haben Angst vor dem eigenen Profil!«, so seine Aussage. Er genieße es, wenn eine mutige, eigenständige Frau ihn verblüffe durch ihre Ansichten und Meinungen. »Verblüffe mich!«, sei sein Wunsch an Frauen. Dazu gehörten eine gute Portion Selbstironie, Humor, Selbstsicherheit, eigene Ideen, Eigeninitiative und die Zivilcourage, sich nicht einfach anzupassen, sondern mutig sich als Frau im Anders-Sein zu outen. »Das macht Freude, Spaß und ist ansteckend, wenn es darum geht, kreativ und innovativ zusammenzuarbeiten. Eine große Portion Coolness gehört aber auch dazu. Es gibt nichts Schlimmeres, als eine total verkrampfte Frau, die mit Akribie punktgenau korrekt und jederzeit verbissen für Leistung kämpft. Das geht immer schief mit uns. Wir wollen auch Spaß haben in dieser extremen Leistungskultur, wir wollen mal lachen können, auch über uns selbst. Wir wollen keine dominanten und belehrenden Frauen um uns haben, die uns erziehen wollen und Vorträge halten über unsere Fehler. Nein danke. Mit Coolness und Smartheit sollen Frauen uns verblüffen, durch ihre Eigeninitiative. Uns mal zum Lunch einladen, um einen Konflikt zu klären. Nicht warten, bis wir das tun. Frauen sollen zeigen, dass sie Humor haben auf dem langen Weg der Karriere. Dass sie auch Spaß am Leben haben. Das wird geschätzt.«

Hier skizziert Robert B. das Bild seiner weiblichen Geschäftsleitungskollegin, das so ganz anders ist als dasjenige der hochbegabten und ehrgeizigen Managerin, die er einstellte. Die in einer totalitären Anspruchshaltung 100-prozentiger Delivery nur noch arbeitete, ihr Privatleben vergaß. Die ihre männlichen Geschäftsleitungskollegen stundenlang nacherziehen wollte und ganz offenkundig kaum noch Akzeptanz fand, um zu bestehen. Humorlos und der Sache existenziell ergeben, verlor sie jeden Anflug von Spaß. Sie leistete. Total. Gnadenlos. Sie belehrte, verbitterte, knechtete ihr Team und fand sich rasch ohne formelles und informelles Netzwerk allein in ihrem Leistungswahn wieder. Allein. Einsam. Verbittert. Nachtragend. Für immer. Sie quittierte den Dienst. Ein Beispiel, wie Managerinnen nicht sein sollten.

»Wenn Frauen genau hinhören, genau hinsehen, beginnen, verbale und nonverbale Signale ihrer männlichen Gegenüber zu lesen, zu deuten. Wenn sie nachfragen, wenn sie spielen lernen mit dem Charme der Geschlechter. Wenn sie sich als Frauen wiederentdecken und darauf stolz sind, anders, weiblich, anders denkend, weiblich handelnd – zu sein: Dann hat das Spiel der ›Diversity‹ gute Chancen, zu gewinnen«, glaubt meine Gesprächspartner.

»Lust auf Feminität, Freude an der eigenen weiblichen Souveränität, Lust auf Widerstand und Humor, auf Selbstironie und Polarisieren, auf weiblichen Charme und das Spiel mit den eigenen Waffen – immer unter Voraussetzung höchster Professionalität« –, dazu die Fähigkeit, unternehmenspolitisch geschickt zu agieren, Mehrwert durch Anders-Sein zu evozieren und dabei – risikodiversifizierend – auch ein Privatleben, eine Familie und ein endorphingenerierendes Hobby auszuüben: Dann gelingt weibliche Karriere. Woman Power ist eine Energie des Mutes. Heißt provozieren, heißt sich nicht anpassen, heißt heiße Eisen thematisieren und dabei immer eine gute Distanz zu Verletzungsgefahren zu halten.

Frauen müssen selber aus der anerzogenen Rolle des Wartens heraustreten und aktiv werden. Sei es bei Karrieregesprächen, Lohn- oder Bonusverhandlungen, bei Weiterbildungen oder Job Opportunities. Dies betont Robert B. in unserem Gespräch immer wieder. »Wir können Frauen gar nicht lesen«, sagt er. »Frauen müssen sich jederzeit erklären. Wir Männer ticken ganz simpel, ganz einfach.

Wir sind gar nicht in der Lage, die Komplexität der Frau zu verstehen. Wie sie denkt, wie sie handelt, was sie fühlt, wie sie vernetzt denkt. Wie sie kombiniert – wie sie Konklusionen zieht. Das alles ist uns Männern verschlossen. Wir staunen nur und verstehen das Wesen Frau nicht. Bewundern es aber. Wir wollen von den Frauen lernen, profitieren für unser aller gemeinsamer Erfolg. Wir mögen Frauen mit diesem geheimnisvollen anderen Wesen sehr. Akzeptieren sie darin sofort. Nicht aber, wenn sie sich anpassen. Verstecken. Mutlos und männlich angepasst sind.«

Und mein Gesprächspartner spricht davon, wie er bemerkte, dass eine Managerin wohl mehrere T-Shirts übereinander trug, um ihre Brüste unter der Bluse zu kaschieren. Er spricht von einer Frau, die so rabiat männlich auftritt, dass sie als Frau nicht mehr durchgeht, sondern als Mann akzeptiert ist. Er erzählt von der jungen Frau, die er als seine Nachwuchsmanagerin eingestellt hat, um ihr Potenzial des Widerspruchs zu nähren und zu beweisen, dass seine Thesen stimmen. Er spricht von seinen Geschäftsleitungsmitgliedern, die nach ihren Erfahrungen mit Frauen, die nur nervten, für Jahre nichts mehr von Frauen im Management hören wollen. Er spricht davon, wie großartig es sei, von Frauen zu lernen, die Welt vernetzt zu sehen. Werte und Ethikthemen zu diskutieren. Aber auch zu lachen über ganz andere Bonmots. Er erzählt, wie er einige wenige Male das Glück gehabt habe, mit einer Frau eine unverkrampfte, offene und nahe Geschäftsbeziehung zu erleben, in der Nähe und Vertrautheit geschehen konnte und nicht sexualisiert werden musste. »Das gibt es. Auch die reine Freundschaft zwischen Frau und Mann auf gleicher Augenhöhe, die Bilaterales beim After-Work-Drink oder – eben Tee – besprechen lässt. Und immer auch politisch ist.«

Frauen würden um etwas kämpfen, was für Männer selbstverständlich sei: um die Gleichberechtigung. Nur wenige Männer hätten das noch nicht begriffen. Es sei für eine Frau salonfähig, mit den Waffen einer Frau im Topmanagement zu handeln, so die Zusammenfassung meines Gesprächspartners. Auch er, als Mann, setze diese seine männlichen Waffen gerne und nicht selten ein, wenn er ein Ziel verfolge. »Sehen Sie«, fährt er fort, »das Leben und das Management ist ein Spiel, wenngleich ein ernstes, um Güte und Rang, um Hierarchie und Lust an der Leistung, um tägliches Besserwerden. Doch ohne Humor und zuweilen auch etwas Coolness, geht gar nichts. Da verbrennen wir uns total. Da verlieren wir nicht nur die Kraft, sondern auch die Lust am Job.« Wer nicht genießen könne, werde ungenießbar, so einfach sei das.

Das Gespräch mit Robert B. begleitete mich noch lange. Er hat so viele Punkte eingebracht, die auch ich täglich in meiner Arbeit feststelle. Es wäre so einfach, wenn mehr Frauen diese befolgen würden. Es ist die Einladung, sich selber zu sein. Ohne jede Angst vor zu viel Feminität. Vor zu viel Weiblichkeit, vor den weiblichen Waffen. Und mit viel Charme, Coolness, Smartheit und politischem Geschick gegen männliche Machtkonstrukte anzutreten, die von Frauen vielleicht auch nie ganz erfasst werden können, weil sie eben von Männern gemacht sind. Es braucht gerade deshalb Mentoren, Netzwerk- und Sparringpartner, die das Weibliche im Management nicht nur akzeptieren, sondern schätzen und fordern, wie es in diesem Gespräch ausgeführt wurde.

»Frauen müssen die Sehnsucht des Mannes nach Komplementarität wecken!«

Hier mein Gespräch mit einem CEO eines sehr erfolgreichen Konzerns, der nach eigenen Aussagen »an der langfristigen Ausrichtung und der Unternehmenskultur und an den Früchten des Handelns interessiert ist«. Gleich zu Beginn unseres Gesprächs erwähnt er sein Anliegen: Die Gleichung »Verbindlichkeit der Sprache = Verbindlichkeit des Denkens« sei ein Frauenthema erster Güte. Frauen könnten hier punkten, sagt Daniel H. Er, der auch ein Philosoph erster Güte ist, nennt dieses handfeste Thema als wichtigstes überhaupt, da es auch das Denken und Handeln determiniere. Die Verbindlichkeit des Mannes gegenüber der Frau fehle und werde entlarvt in seiner Sprachführung. Diesem Anliegen wird in Kapitel 6 Raum gegeben.

Dos and Don'ts für Frauen in Führungspositionen …?, frage ich meinen Gesprächspartner.

»… beginnt bei den Männern. Bei jenen, die überheblich sind. Man muss bei den männlichen Führungsverantwortlichen die Sehnsucht nach Komplementarität, nach den sich ergänzenden Gegensätzlichkeiten, wecken. Muss ihnen schmackhaft machen, dass ihre eigene erfolgreiche Zukunft nur mit dem Wunsch nach Komplementarität möglich ist.« Männer hätten immer wieder Ausreden, flüchteten sich in unverbindliche Sprachformen, um dem auszuweichen, was ihren Erfolg letztlich garantieren wird: die eigenen Schwächen zu erkennen, täglich zu wachsen und zu lernen und dies durch eine ganz bewusste Integration von »anders denken« und »anders Probleme lösen« zu realisieren. Und gerade hier hätten Frauen als veritable Zukunftsgarantinnen eine Spitzenposition verdient.

Daniel H. spricht weiter: »Erfolgsrelevant ist doch die Tatsache, dass ich in meiner jahrzehntelangen Funktion als Vorsitzender der Geschäftsleitung langfristig orientiert immer wieder die Haltung einnehmen musste, dass die Erfolgsstrategien der Vergangenheit nicht zwingend die von morgen sind. Dass ich den Erfolg von morgen nur mit Menschen machen kann, die genau das einbringen, was mir zum Erfolg fehlt. Und das sind ganz stark Frauen, die für mich für Komplementarität stehen.«

Oft seien Männer die Visionäre in traditionellen Konzernen, die ihre Visionen nur mit der Kraft ganz starker Umsetzer auf den Boden brächten. Und dies seien Frauen. Sie hätten eine ungeheure Bodenhaftigkeit und Umsetzungspower. Damit sie dies aber langfristig erfolgreich tun könnten, müssten sie endlich aufwachen und sich ihrer Stärken in der Komplementarität und ihrer Schaffenskraft bewusst sein und diese AKTIV VERKAUFEN! Immer wieder beobachte er, wie Frauen ihr Können und ihr Licht unter den Scheffel stellten, wie diese entschuldigende Haltung des »Ich bin halt eine Frau« so ziemlich alles an Erfolg zerstöre.

»Frauen müssen ihr Können zeigen, von ihrem Können reden! Frauen müssen die mentale Entschuldigung, ›eine Frau zu sein‹, ablegen und sich vielmehr als Zukunftsgarantin für den Erfolg verkaufen.« »Schau her, was ich kann!«, sei eine Aussage, die er kaum je gehört habe, meint Daniel H, und gerade die Stärken einer Frau seien so relevant: Lösungen auf den Boden bringen, die Umsetzungspower in Visionen zeigen, die Komplementarität zum Mann in der Führung aktiv ansprechen, ihre »mehrheitlich anderen Stärken im Vergleich zum Mann« aktiv einbringen, thematisieren, ansprechen, auch profilieren – dies und mehr sei erfolgsrelevant. Er habe immer wieder erlebt, wie weibliche Geschäftsleiterinnen führten: wesentlich enger, effizienter, resultatorientierter als Männer. Fortschrittskontrollen, das Setzen von erfolgsrelevanten Leitplanken, Korrekturen und effiziente Arbeitsmethoden, unmittelbarere Kontrollgriffe und proaktives Lenken und Leiten mit einem wesentlich ambitionierten Zeitbudget seien für ihn wiederholt weibliche Erfolgsfaktoren gewesen. »Während Männer stundenlang in ineffizienten Sitzungen verharren, wird es einer solchen Frau nach fünf Minuten langweilig und sie strebt nach Resultaten.«

Dies allerdings setze eine Kultur und eine Führung im Unternehmen voraus, die dies stütze und willkommen heiße, »Ja, gerne« sage und eben diese Komplementarität zum Kulturgut deklariere.

Männer müssten dahin »geweckt« werden, durchaus durch das Thema der Frauen »Wie führe ich meinen Chef?«, dass sie ihm helfe, seine Schwächen so zu delegieren, dass er auch morgen noch Erfolg haben kann.

»Frauen dürfen sich nicht dafür entschuldigen, eine Frau zu sein. Vielmehr müssen sie sich erklären, welchen ›andern‹, komplementären ›Erfolgsbeitrag‹ sie leisten können. Sie sollten klar deklarieren: ›Ich habe diese Kompetenzen. Das sind meine Stärken. Kaufe das Komplementärprodukt, damit du auch morgen noch erfolgreich sein kannst!‹« Diese klare Sprache mit klaren Statements brauche wohl ein Mann, um die Frau zu verstehen, die mit ihm ganz oben in den Führungsetagen jenen Komplementärerfolg realisiere.

»Frauen haben unglaubliche Fähigkeiten. Sie haben mehrheitlich auch viel mehr Intuition, Emotionen, Empathie, ein Gespür für Zusammenhänge und Prioritäten«, fasst mein Gesprächspartner zusammen. Warum diese so schlecht genutzt würden seitens männlicher Topmanager, glaubt er zu wissen: Eine gewisse Arroganz verhindere möglicherweise einfach, sich täglich verbessern zu wollen. Die eigenen Schwächen zu sehen. Neues zu entdecken, sich zu entwickeln. Und er zitiert in diesem Kontext den verstorbenen Dirigenten Claudio Abbado, der ein Leben und Schaffen lang auf der Suche war, immer wieder Neues zu entdecken. Genau so sieht Daniel H. den Weg eines erfolgreichen CEOs, eines Unternehmensführers oder eines Managers, der auch Frauen an die Spitze lässt, um dem Unternehmen zu dienen.

»Wanderer, es gibt keinen Weg. Was zählt, ist allein das ehen.« Dieses Zitat, welches Abbados langjähriger Weggefährte, der italienische Komponist Luigi Nono, an der Mauer eines Klosters in Toledo fand, mag auch sinnbildlich für Abbado gewesen sein. Das Leben nicht durch Wege zu bestimmen, sondern vielmehr zu gehen, zu leben und Neues offen zu erfahren. Also das vermeintlich weglose Wandern und Suchen. Genau so suchte Abbado scheinbar »weglos« in seinem Schaffen immer wieder das Neue und Unbekannte, und er tat dies bis zur letzten Sekunde seines so erfüllten und faszinierenden Lebens.[7]

Wenn von komplementärem Können die Rede ist, werden Beispiele genannt, die Männer angesichts so viel weiblicher Vorzüge blass erscheinen lassen. Ihre Angst, in ihrer »einfachen Gestricktheit« erkannt zu werden, in den eigenen Reihen und im gewohnten Fahrwasser gestört zu werden, verhindere die »Sehnsucht« nach diesen begabten Frauen. Man müsse diesen großmehrheitlichen Männern auch ein wenig Angst machen, dass sie ohne diese Komplementarität, ohne Frauen on the top, ganz einfach in Zukunft nicht mehr genügen, dass sie schlecht würden, dass sie die Frauen für den eigenen Erfolg und das Sichern ihrer Pfründe bräuchten, meint mein Gesprächspartner. Männer seien rasch zufrieden mit allem. Eine Frau suche eher stetig nach Verbesserungen.

Doch die Repetition des Erfolgs gehe für die Männer nicht immer weiter. Die Welt habe sich verändert. Und mit ihr die Anforderungen. Frauen müssten den »Abbado-Anteil« kultivieren und für eine Veränderungsbereitschaft sensibilisieren.

»Farbkombinationen, die eine Frau spürt, sind ein Beispiel für das Sensorium und das komplementäre Können von Frauen. Da muss ein Mann schon Modeschöpfer sein, um das zu leisten«, fügt Daniel H. hinzu.

Und schließlich appelliert er auch an die Frauen selber: »Frauen müssen auch ihre eigene Sehnsucht mehr leben und Top-Führungsjobs übernehmen, denn wir brauchen sie, die Frauen! Damit sie dies schaffen, müssen wir eine kritische Größe der Frauenanteile on the top evozieren. Und da baue ich auf die Hartnäckigkeit von Frauen, wie ich sie erlebt habe.«

Frauen in Topteams in männlichen Unternehmenskulturen

Da bat mich ein CEO, seiner jungen, hochdynamischen Geschäftsleiterin zu helfen, die seit Monaten weit über ihr Leistungsziel hinausschoss. Sie führte rund 400 Mitarbeitende und erhielt für ihre Leistung eine Auszeichnung. Ein absolutes Talent ihrer Klasse. Was allerdings nicht gut lief, war die Tatsache, dass sie mit ihren Kollegen und Kunden ein wenig freundschaftliches Verhältnis hatte. Mit ihren rigiden und fast schon abweisenden Umgangsformen hatte sie sich manche Aggression eingehandelt. Obwohl sie leistungsmäßig über alle Maßen erfolgreich war, wurde das Rating ihrer Führung als unterdurchschnittlich bewertet.

Diese Frau lernte ich von einer ganz andern Seite her kennen als ihr Umfeld. Sie sprühte vor Humor und positiver Lebensenergie. Sie war über alle Maßen enthusiastisch und hatte keine Ahnung, wie sehr sie mit ihrem Feuer auch Neid und Missgunst streute. Auch das ist weiblich. Sie war unglaublich gut unterwegs, unglaublich powervoll. Doch vor lauter Bäumen sah sie den Wald nicht. Und der brannte schon stellenweise. Sie war eine der Frauen, die das Maß aller Dinge aus den Augen verloren hatte. Hier hatte der CEO richtig reagiert und ihr die Möglichkeit gegeben, in einem Coaching die eigene Awareness zu schärfen und das Gefühl für Gewichte und Maße in Einklang zu bringen.

Immer wieder treffe ich Frauen, die in ihrem Nichtaustariert-Sein von maßvollem Auftreten übers Ziel hinausschießen und sich dabei selber verletzen, sich unmöglich machen. Auch dieses Phänomen ist ein roter Faden in Gesprächen mit männlichen Vorgesetzten und muss unbedingt im Auge behalten werden.

Denn in männlichen Unternehmenskulturen lässt sich der Faden der Ariadne im Business-Labyrinth so zusammenfassen:

Er ist weiblich. Er ist golden. Er passt sich nicht an und fordert ein. Er schenkt Vertrauen, geht davon aus, dass Gleichberechtigung und Akzeptanz da sind. Er geht seinen Weg, ist authentisch, initiativ, konfliktfähig, er hat eine gesunde Distanz und lebt gut diversifiziert. Er hat viel Humor und Selbstironie, doch auch ein hohes Maß an Selbstachtung und Selbstrespekt. Er ist lernbereit, niemals selbstgerecht, er ist offen für andere, für bessere Lösungen, doch kennt er auch den eigenen Ansatz und kann ihn prominent vertreten. Er ist eloquent, präsentiert professionell, er ist visibel, hervorragend vernetzt, hat Mentoren, die ihn im Ernstfall aus der Bedrängnis befreien. Er ist seriös, doch niemals verbissen. Er hat die Ziele im Auge, priorisiert jederzeit, ist jedoch auch offen für Umwege, wenn sie Erkenntnisse versprechen. Er ist neugierig, steht zum Anders-Sein als Frau, ist feminin, weiblich, eigen-mächtig, doch politisch immer smart und gut abgesichert. Er ist unverkrampft und pflegt die Lust an der Leistung. Er kann die After-Work-Zeit genauso genießen wie einsetzen für Business Tools und spürt Grenzen und Grenzbereiche. Er kennt die Waffen einer Frau und liebt es, sie gezielt einzusetzen. Er hat niemals Angst vor der eigenen Weiblichkeit, setzt sie ein, stellt sie zur Schau, immer adrett und gediegen, doch wirksam und aware. Er verfügt über viel Coolness und vermeidet jede Zickigkeit und weibisches Reagieren. Weiblichkeit ist tief, weise, wissend, historisch gewachsen und kennt die Sinngründe des menschlichen Daseins durch ihre Geschichte. Sie zelebriert sich manchmal punktuell und kann sich genauso zurücknehmen, ist manchmal Diva und manchmal graue Eminenz. Sie lernt täglich und erscheint niemals lehrerinnenhaft.

Diese Form von weiblicher Leadership ist ein Vermächtnis an die männliche Unternehmenskultur, die scheinbar noch so gerne diese Form von Feminität integriert. Sie kann bereichern und Unternehmen revolutionieren. Sie kann Humanitäres und weitere Lebensaspekte integrieren und kann neue Wege zu neuen Lösungen für alte Probleme schenken.

Vorausgesetzt, Frauen stehen zur Feminität.

Vorausgesetzt, Frauen haben den Mut und keine Angst mehr vor der eigenen Weiblichkeit und deren Stärke.

Vorausgesetzt, Frauen machen den ersten Schritt und zelebrieren diese weiblichen, starken und mehrwertgenerierenden Stärken mit ihren Waffen einer Frau.

Dies ist eine neue Form des Feminismus.

Bei allem Optimismus müssen wir jedoch zur Kenntnis nehmen, dass Frauen – selbst wenn sie alle Erfolgsfaktoren berücksichtigen – immer wieder und trotz allem auf Hürden treffen, die bis in die obersten Führungsetagen vorhanden sind und die von Herminia Ibarra, Leadership-Professorin Insead, in dem Artikel »Frauen im Management« der Zeitung »Harvard Business Manager« als »unbewusste Vorurteile« und als »Geschlechterdiskriminierung der zweiten Generation« dargestellt werden. Man spricht von drei Vorurteilen, die in der Arbeit mit Topteams anzutreffen sind und die der guten Ordnung halber wenigstens hier erwähnt gehören: Das sind die Barrieren in den Köpfen, die Vorurteile der breiten Masse und die These, dass das »Verhaltensrepertoire von sogenannten Alpha-Males der Gold-Standard« sei – und Frauen sich daran zu messen hätten. Ich bin nicht ganz so pessimistisch, sondern empfehle, diese Punkte als Politikum im Auge zu behalten.[8]

Heute und in Zukunft wird die Führung von gemischten Alpha-Teams anspruchsvoller und immer unbequemer werden. Der CEO wird gefordert: Als eigentlicher »Chief Enabling Officer« müsse er »die gemeinsame Reflexion von schädlichem Verhalten von Männern und Frauen zum Bestandteil der Team-Agenda machen«, schreibt Herminia Ibarra.[9] Denn Diversity heiße eben nicht, »dass Frauen mit am Tisch sitzen, sondern dass ihre Fähigkeiten für den Unternehmenserfolg gezielt genutzt werden«.[10] Und weiter schreibt sie:

Gerade Frauen bringen jene Kompetenzen mit, die in Top-Teams angesichts zunehmend komplexer Führungsherausforderungen drin-

gend gebraucht werden und die dort besonders rar sind: Team-Fokus, emotionale Intelligenz, partizipative Führung. Die Team-Komposition aus Männern und Frauen ist wichtig, aber erst die Kollaboration entscheidet über Erfolg und Misserfolg. Es geht also nicht nur um die Frage, wie Frauen an die Spitze kommen, sondern wie die Unternehmen die Vielfalt der Geschlechter, ihre Stärken und Führungsmodelle im Team-Mix optimal nutzen.[11]

Frau und Mann in der Pflicht und im Dienste der Zukunft unserer Unternehmen. Von Wirtschaft und Politik. Der Gesellschaft. Und damit kein Thema mehr von Emanzipation und Gleichstellung.

>*Führungsklischees bestätigt:*
Managerinnen sind kommunikativ,
Chefs machtbewusst.

Frauen werden preußische Tugenden nachgesagt –
Männern ein Hang zum Delegieren und
Durchsetzungskraft.«[12]

In einer in Deutschland durchgeführten Online-Studie einer Executive Search Firma werden einzelne Aussagen der von mir befragten CEOs in einen breiteren Kontext gestellt, der absolut bestätigt, was in Einzelaussagen ausgeführt wurde.

Hier lesen wir etwa:

Gibt es spezielle männliche und weibliche Führungseigenschaften? Drei Viertel der Deutschen sind der Meinung, dass das sehr wohl der Fall ist, Männer ebenso wie Frauen. Managerinnen sind demnach kommunikativ, diplomatisch, organisiert, engagiert und diszipliniert. Ganz anders ihre männlichen Kollegen: Sie werden als machtbewusst, durchsetzungsstark, selbstsicher, autoritär und statusorientiert beschrieben. Deutschland ist sich einig: Männliche und weibliche Manager ver-

halten sich unterschiedlich. Chefs delegieren gern und setzen ihren Willen durch. Managerinnen dagegen zeichnen sich durch Fleiß aus und sind gesprächsbereit – so das einheitliche Bild einer aktuellen Bevölkerungsbefragung zum Thema Topmanager-Qualitäten. Männer halten Managerinnen für emotional und sensibel – Frauen finden Chefs egoistisch.

Eine genauere Betrachtung der Geschlechterperspektiven offenbart jedoch einige Differenzen: Während Männer weibliche Führungskräfte in erster Linie als kommunikativ betrachten, nehmen Frauen Manager ihres Geschlechts vor allem als organisiert wahr. Männer schreiben Chefinnen häufig auch Emotionalität und Sensibilität zu. Bei Frauen rangieren diese Merkmale weniger hoch. Sie bescheinigen weiblichen Führungskräften dafür noch Weitsichtigkeit, was Männer nicht als besonders typisch weibliches Merkmal ansehen. Kooperatives, partnerschaftliches Verhalten sehen dagegen beide Geschlechter als Eigenschaft an, die weibliche Führungskräfte häufig an den Tag legen. Die Einschätzungen männlicher Führungseigenschaften unterscheiden sich in den Perspektiven der verschiedenen Geschlechter nicht ganz so stark. Ein bedeutender Unterschied ist aber, dass Frauen bei männlichen Führungskräften egoistisches Verhalten als besonders typisch wahrnehmen. Bei Männern rangiert dieses Merkmal erst im Mittelfeld. Dafür schreiben Männer den Chefs mehrheitlich fachliche Versiertheit zu – bei den Frauen fällt die Zustimmung dazu geringer aus. Fairerweise muss man dazu sagen, dass Männer auch bei Managern des anderen Geschlechts häufig fachliche Versiertheit konstatieren.

Männer wie Frauen nehmen bei männlichen Führungskräften aber eine hohe Sach-/Faktenorientierung wahr – bei weiblichen Chefs eher nicht. Einig sind sich die Geschlechter auch in einem weiteren interessanten Punkt: Für kommunikativ halten sie Männer in Führungspositionen nicht.«[13]

Die wenigen Auszüge mögen genügen, um festzustellen: Frauen und Männer haben Vorurteile, die uns im Wege stehen für ein Miteinander. Je mehr wir uns mit ihnen auseinandersetzen, je eher können wir sie überwinden. Nichts stimmt mehr. Der Paradigmenwechsel, der uns täglich vor Augen geführt wird, beweist eindrücklich, dass die Welt so komplex geworden ist, dass in dieser heterogenen Realität Vorurteile ganz einfach und jederzeit widerlegt werden können. Durch jeden Einzelnen von uns. In jedem Wort. Jeder Tat. In jeder Frage. In jeder Reaktion und in jedem Moment.

Noch nie war es einfacher. Und noch nie dringender.

Sich selber weniger unter Druck setzen

Im Folgenden zwei Gespräche mit Topmanagern. Beide appellieren an die Frauen, sich selber weniger unter Druck zu setzen und nicht an sich selbst zu zweifeln.

»Ich mag authentische Frauen.
Alles andere ist lächerlich.«

Dieses Zitat stammt von meinem ersten Gesprächspartner. Michael K. ist jung, dynamisch, ehrgeizig; er lebt in traditionellen Familienverhältnissen, ist ein Denker und Macher zugleich. Seit Jahren favorisiert er Frauen, unterstützt sie und macht sich immer wieder Gedanken über deren Rolle und Beförderungsbasis in Partnerrollen sowie über deren »No-Gos« und »Gos«.

Michael K. ist Managing Director in einem der führenden global tätigen Dienstleistungsunternehmen, reist viel, ist interkulturell versiert, vielsprachig, ehrgeizig, vernetzt im Denken. Ich kenne ihn auch als feinfühligen Leader, der sich einige zusätzliche Gedanken macht über Diversity und die Chancen, Heterogenität im eigenen

Team zu kultivieren. Er hat sich auf unser Gespräch vorbereitet, hat mir vorgängig Studienmaterial zum Thema unterbreitet.

Seine Aussagen will ich möglichst eins zu eins wiedergeben, denn sie sprechen ihre eigene Sprache:

»Frauen setzen sich viel zu sehr selber unter Druck – verlieren dann Flexibilität und Power. Die Ansprüche an sich steigern sie laufend, sie wollen stets noch mehr leisten, die Spirale dreht immer rascher. Frau im Leistungswahn, nein, das geht nicht. Eine solche Frau verliert jede Gelassenheit. Sie ist rasch gereizt, verliert das, was sie zu einer »person to go« macht. Und – eine solche Frau überfordert rasch einmal die einfach gestrickten Männer. Dann wird es anstrengend für Männer. Das mögen sie nicht, beginnen dann selber zu fordern, werden picky. Was also kann eine Frau anders, besser machen, um weiterzukommen? Denn Leistung allein erbringt sie ja bereits. Niemals darf sie männliches Verhalten kopieren und womöglich noch männlicher als ein Mann werden. Wenn eine Frau Männer kopiert, tough erscheinen will und dabei nicht authentisch bleibt, wenn sie nicht echt ist, dann ist das für mich einfach abstoßend. Lächerlich. Wir meiden die Frau dann. Oder geben gern mal »push back«, Distanzhaltung. Was sich extern und intern problematisch auswirkt. Das ist einer der Punkte für Frauen in der Berufswelt, der besonders schwierig ist. Denn die Integration in gängige und wichtige Netzwerke ist unumgänglich für weiblichen Erfolg. Eine Frau muss mindestens so gute Netzwerkarbeit leisten wie ein Mann. Interne und externe Netzwerkanlässe, eigenes Marketing und Door-opener-Funktionen, Relationship Management und hoffentlich auch einfaches Energietanken sind elementar wichtig. Frauen müssen bei Netzwerkanlässen sehr präsent sein – und ganz wichtig: wiederum authentisch, anders als Männer.«

Michael K. verweist darauf, wie wichtig blickdichte Strümpfe seien, eine angemessene Rocklänge, also die Einhaltung eines schicken Dresscodes auch für Frauen. Er selber hält sich mit absoluter

Geschmackssicherheit daran. Alles passt zusammen. Stil ist geschlechtslos, denke ich, denn mein Gesprächspartner betont im gleichen Moment auch den männlichen Dresscode.

»Diese scheinbaren Nebensächlichkeiten sind einfach nicht unwichtig in der Positionierungsfrage, gerade für eine Frau. Weibchen sein und spielen – oder Frau sein und dies mit gutem Geschmack vortragen, weiblich gewürzt erscheinen, das ist eine Frage von Stil und Contenance. In meiner Branche werden solche Frauen akzeptiert. Wenn dazu ein stimmiges Sozialverhalten, Ausgewogenheit in der Argumentation, selbstverständlich Fachkompetenz und der Humor stimmen, dann werden auch an der Kundenfront Topberaterinnen mehr als willkommen geheißen und ihre Leistungen hochgehalten.

Man mag diese Frauen vielleicht sogar lieber akzeptieren als die sich stets konkurrenzierenden Männer, zumal Frauen weniger belehren und das Pfauenrad schlagen, sondern sachlich und zielorientiert verhandeln. Sie stellen nicht selten einfach auch richtig gute, offene Fragen, lassen damit auch Spielraum für neue Lösungen.

Männersprache – Frauensprache ist ein gutes Stichwort dazu. Ich erlebe immer wieder, dass Frauen neue Perspektiven einbringen und neue Aspekte thematisieren. Und eben gute Fragen stellen, auf die wir Männer gar nicht erst kommen. Diversity hat mit Ausgewogenheiten aller möglichen Denkrichtungen zu tun.«

Und mein Gesprächspartner fährt fort: »Es gibt da noch ein paar kleine Geheimnisse, die ich beobachte und Frauen on the top einfach kurz hinreichen möchte: Halten Sie stets die Stellung, lassen Sie sich nicht in die Frauenecke der Helferin treiben und bleiben Sie ignorant, wenn Männer um Ihre Hilfe bitten, und zwar an zwei strategischen Problemzonen: dem Drucker und der Kaffeemaschine. Diese beiden Zonen stehen symbolisch für die vielen kleinen Delegationsbrosamen, die an – auch hierarchisch hoch angesetzte – Managerinnen überantwortet werden, weil der Mann sich dafür zu gut ist. Männer stellen sich extrem dumm an vor diesen Maschinen, Frauen, hilfsbereit, wie sie in der Regel sind, helfen dann und – tun es von da an immer wieder: kopieren und Kaffee servieren. Und mit jeder Ausnahme der neuen Regel unterminieren sich diese Frauen selber, machen sich lächerlich und wundern sich dann, warum ihre Stimme immer weniger zählt. Es sind die sublimen scheinbaren Unwichtigkeiten, die Hierarchie betonen und Territorien abzäunen.

Hier sind Frauen unbedarft. Unvorsichtig und leider – fast genetisch bedingt hilfsbereit. Frauen müssen lernen, manchmal einfach wegzusehen und ganz bewusst eben nicht in die Helferrolle und in die Rolle der Dienenden zu wechseln. Abonniert auf Helferin wird den Frauen so ein weiterer Hut aufgesetzt, der auf Topebene einfach ein No-Go ist. Sehr charmant wegsehen oder lächelnd davonlaufen, das ist eine hübsche Alternative für Männer, die sich bewusst dumm anstellen, um bedient zu werden.«

Und schließlich betont mein Gesprächspartner, wie kontraproduktiv er Quoten- und Emanzipationsdiskussionen seitens Frauen erlebt hat. »Anstelle von solchen Provokationen tut Frau besser daran, die persönliche Kompetenz zu zeigen und niemals auf solche Diskussionen groß einzutreten. Frauen, die sich auf diese Schiene verlassen, scheitern quasi a priori, denn sie werden gelabelt, etikettiert und nicht geholt.«

Und schließlich noch eine Marginalie, die ihm wichtig sei, fügt Michael K. an: Höflichkeit.

»Wir Männer mögen es, galant und höflich aufzutreten. Nicht immer können wir damit punkten. Nicht selten werden wir emanzipiert und fühlen uns als Repräsentanten alter Zöpfe, die das moderne ABC noch nicht einmal gelernt haben; das verunsichert. Doch gerade dies ist wichtig im Umgang unter den Geschlechtern: Zeichen der Höflichkeit, der Achtsamkeit, des guten Umgangs miteinander und der gegenseitigen Toleranz, auch und gerade anders sein zu dürfen. Ich denke, es braucht generell wieder mehr gegenseitige Höflichkeit zwischen Frau und Mann.« Und er schließt augenzwinkernd mit den Worten: »Frauen dürfen männliche Galanterie auch zulassen, genießen und vertrauen.«

»Per se weibliche Unterordnung
disqualifiziert jede Frau.

Ebenso, wenn sie sich als permanentes
Rollenopfer hinstellt.«

Dieses Zitat stammt von meinem zweiten Gesprächspartner Dietmar W. Er ist Vollblutunternehmer, seit 40 Jahren in CEO-Positionen, teilweise umfasst seine Belegschaft bis zu 85 Prozent Frauen, etliche davon in Geschäftsleiterinnenfunktion.

»Weibliche Selbstzweifel und ein dienendes Verhalten hindern Frauen an Karrieren.« Absolute No-Gos seien ein »aufgesetztes, falsches Rollenverständnis«, meint er. »Den Männern nacheifern wollen, das geht gar nicht. Hierarchische Per-se-Unterordnung als Frau sind das zweite absolute No-Go. Und schließlich auch, wenn eine Frau die Grenzen vom Frau-Sein zum Weibchen-Spielen verschiebt und taktisch ins ›Luderhafte‹ absinkt; wenn sie mit ihren weiblichen Reizen zu offensichtlich spielt, disqualifiziert sie sich. Diese schwierigen fließenden Grenzen outen eine Frau als nicht zuverlässig und als Geschäftspartnerin als nicht glaubwürdig. Von solchen Frauen wird das Vertrauen oft komplett missbraucht, ich habe dies nicht selten miterleben müssen. Solche Frauen sind nicht selten taktisch geschickt, oft auch jugendlich naiv und schaden sich selber damit massiv.

Die Grenze einzuhalten, ist ein Must. Die Demarkationslinie verläuft da, wo Freundschaft als Freundschaft stehen bleiben muss. Eisern. Es gibt aber auch Fälle, in denen Frauen an sich selber scheitern, weil sie mit den Rollenbildern in Clinch geraten. Dramen spielen sich dann ab, wenn diese Frauen ihre Männerprobleme auf Mitarbeitende projizieren, psychisch labil werden und auch als Vorgesetzte versagen, als Vorbilder. Wenn dann trotz Betreuung und Support, Gesprächen und Beratungshilfe nichts weitergeht, helfen weder Können noch Wissen etwas.

Bewusst muss Frau das ausspielen, was sie besser als ein Mann kann. So etwa ihr vernetztes Denken. Anstelle von linearem Denken suchen Frauen mit Vorzug umfassende Lösungen. Frauen vertreten Konsumentinnen viel besser. Holistisches Denken bei Frauen ist ein Asset für den Erfolg in allen Aspekten der Unternehmensführung und -entwicklung.

Frauen haben viel bessere Sozialkompetenzen, Kreativität, Sinnlichkeit, Flexibilität, Treue und Fürsorge. Doch sie müssen selbstbewusst sein, ihre Selbstzweifel ablegen und an sich glauben. Und dazu, ganz wichtig: Die Familienarbeit muss sehr gut organisiert sein, sonst wird es für den Arbeitgeber (ein Tabuthema!) zum Bumerang. Geordnete Familienverhältnisse sind das A und O des Erfolgs einer Frau. Wenn Kinder da sind, muss das gut organisiert und tragfähig delegiert sein.«

Wie denken Männer über Frauen in Karrierepositionen?, frage ich meinen Gesprächspartner.

»Meine Generation hat natürlich schon mehrheitlich mit Vorurteilen zu kämpfen; hysterische, typische Dramatik-Frauen waren Stereotypien. Die Nachfolgegeneration ist da schon sensibler geworden. Nicht selten müssen Frauen, deshalb ist das Selbstvertrauen so wichtig, auch heute noch gegen diese Vorurteile ankämpfen. Einfach durchspazieren, den eigenen Weg gehen, wissen, was sie kann. Eisern weitergehen, lächeln, nicht reagieren, schon gar nicht überreagieren, das ist ein Asset für fast jede Frau. Der Umgang mit Vorurteilen muss gelernt werden. Mit jeder Erfahrung mehr hat diese Frau nachher das müde Lächeln zur Hand und gewinnt durch Coolness und Professionalität. Es muss sie einfach kalt lassen, dann kühlt auch jede Provokation ab. Frauen sind in Führungspositionen auch schon gescheitert, weil sie sich selber ausbrennen, zu hohe Ansprüche an sich selbst stellen, dann übernervös werden, überbelastet falsch reagieren, psychisch unter die Räder kommen und die wichtige Gelassenheit verlieren. Im Militär wurden wir nicht selten heruntergekanzelt wegen Bagatellen. Dort lernten wir, mit Coolness zu reagieren und Gelassenheit auszubauen, auch den Realitätssinn und den Blick für das Wesentliche. Das fehlt bei vielen Frauen. Da happert es. Auf dem Boden des Lebens bleiben heißt auch, Beruf und Karriere immer wieder zu relativieren und Ausgleich zu schaffen.

Ich denke, im Team muss jeder Frau der nötige Spielraum gegeben werden, denn gemischte Teams sind erfolgreicher, und Frauen machen den Erfolg möglich, weil sie oft vermittelnde Rollen einnehmen. Mögen Frauen doch bitte ihre Stärken als Frau ausspielen, ihre Weiblichkeit zelebrieren – und damit punkten. Sonst verpassen sie eine riesige Chance.«

Und abschließend meint Dietmar W.: »Wir möchten Frauen. Nicht männliche Imitate. Dann genießen wir auch ihre Kompetenz, ihren Charme, ihren weiblichen Esprit. Ohne sexistisch interpretiert zu werden. Entspannung und die Schönheit der Sympathie von Frau und Mann, wo es auch mal etwas funken darf. Ohne dass wir gleich in Verruf geraten, etwas Unrechtes zu tun.«

Diese Worte lasse ich zum Schluss dieses Kapitels wirken. Sie sind selbstredend, aus dem Munde eines weisen, erfahrenen Topmanagers, der als vorbildlicher Integrator und renommierter Charismatiker weiß, wovon er spricht. Nicht zuletzt deshalb gelingt ihm die Integration von weiblichen Spitzenkräften überdurchschnittlich gut und lässt ihn auch ein Unternehmensklima genießen, in dem viel gelacht und gelebt wird. Ziemlich weiblich eben!

»Wir Männer sind gar nicht in der Lage, die Komplexität der Frau zu verstehen. Wie sie denkt, wie sie handelt, was sie fühlt, wie sie vernetzt denkt. Wie sie kombiniert – wie sie Konklusionen zieht. Das alles ist uns Männern verschlossen. Wir staunen nur und verstehen das Wesen Frau nicht. Bewundern es aber. Wir wollen von den Frauen lernen, profitieren für unser aller gemeinsamer Erfolg.«

»Wir mögen Frauen mit diesem geheimnisvollen anderen Wesen sehr. Akzeptieren sie darin sofort. Nicht aber, wenn sie sich anpassen. Verstecken. Mutlos und männlich angepasst sind.«

»Frauen müssen die Sehnsucht des Mannes nach Komplementarität wecken!«

»Eine Frau darf niemals männliches Verhalten kopieren und womöglich noch männlicher als ein Mann werden. Wenn eine Frau Männer kopiert, tough erscheinen will und dabei nicht authentisch bleibt, wenn sie nicht echt ist, dann ist das für mich einfach abstoßend. Lächerlich.«

»Frauen sollen doch bitte ihre Stärken als Frau ausspielen, ihre Weiblichkeit zelebrieren – und damit punkten. Sonst verpassen sie eine riesige Chance.«

3. » Nicht kämpfen müssen «

Wie ein weiblicher Machiavelli mit weiblichen Waffen gewinnt

»Es hilft, eine Frau zu sein.«

*»Ich ordne meine feminine Seite
nicht unter, sondern trage sie
offen mit mir.«*

*»Dies ist eine zu 100 Prozent
von Männern dominierte Branche.
Ich glaube, dass die Leute ihre
Schutzschilder bei mir etwas mehr
senken als sonst. Es hilft, anders zu sein,
eine Frau zu sein.«*[14]

Erin Callan,
ehemals eine der erfolgreichsten Frauen der Wallstreet

Mein Gesprächspartner ist seit 40 Jahren im Top Executive Search tätig und kennt das Who's who der Wirtschaft weltweit. Er ist Freund, ein weiser Ratgeber, ein Mann von Welt, der sich mit meinem Thema auseinandergesetzt hat. Holger E., der in seiner Karriere Hunderte von Spitzenpositionen in der ganzen Welt besetzt hat, kennt auch die Vermittlung und Platzierung von Frauen bestens. Mit ihm habe ich ein Gespräch geführt, das mich sehr berührt hat. Es zeigt, wie verdeckt auch männliche CEOs ihre familiären und väterlichen Pflichten durch versteckte Teilzeitpensen wahrnehmen. Und es zeigt, wie rigoros er – als Mann der Wirtschaft – seine männlichen Kollegen einschätzt und dabei wohlwollend lächelt. Nicht verurteilend, doch Lösungen aufzeigend.

Für meinen Gesprächspartner ist es beschämend, dass noch immer eine verschwindend geringe Anzahl von Frauen in Toppositionen zu finden ist und diese Entwicklung stagniert. Er ist deshalb ein großer Befürworter der Quotenregelung.

Im Jahr 2003 wurde in Norwegen der Versuch einer Quotenregelung gestartet, und zwar wurde für den Verwaltungsrat ein freiwilliger Frauenanteil von 40 Prozent festgelegt. Da es nicht funktionierte, erließ man 2006 in börsenquotierten Unternehmen eine zwingende 40-Prozent-Quote, mit einer Übergangszeit von zwei Jahren. Die Wirtschaft wurde nicht schlechter, im Gegenteil, sie wurde besser.

Das »Cover your ass«-Prinzip

VR- und Nominationsausschüsse werden von Männern nach dem »Cover your ass«-Prinzip geleitet. Das muss man einfach wissen. Falliert ein Mann, hat er tausend Gründe, warum die Situation fallieren musste. Das darf ihm sogar passieren. Wenn eine Frau in der gleichen Situation falliert, dann ist es eine logische Folge. Es war natürlich voraussehbar. Und deshalb funktionieren die Ausschüsse nach dem »Cover your ass«-Prinzip, weil man den Verantwortlichen bei einem »Fail« keine Vorwürfe machen kann.

»Warum man zu Beginn der Suche sagt, man wolle eine Frau und die Position dann doch fast immer an einen Mann geht, das wäre eine anonymisierte Umfrage wert«, meint denn auch mein Gesprächspartner. Im Laufe seiner gesamten Executive-Search-Karriere habe nicht einmal die Hälfte der Frauen, die er vorgeschlagen habe, das Rennen gemacht. »Cover your ass« minimiere eben das Risiko bei einer männlichen Wahl.

Und Holger E. fährt fort: »Zudem sind es auch biologische Argumente, die man einbeziehen muss. Kinder sind zwar kein Hinderungsgrund mehr für Frauen, die Karriere machen wollen, doch am Ende ist es halt doch immer die Frau, die sich um das Kind kümmert, wenn es krank ist oder sonst etwas hat, weil der Mann im Notfall nicht zu Hause bleibt. Die Frau verzichtet wegen der Familie eher auf etwas, das liegt in der Natur. Man ist immer noch der Meinung, dass ein CEO 100 Prozent arbeiten müsse; das ist von gestern. Heute gibt es, in unserer Welt der technologischen Vernetzung, die Möglichkeit von Homeoffice oder eine gute Stellvertretung, dann kann auch ein CEO 80 Prozent arbeiten. Das geht bestens, es ist eine Frage der Organisation, Delegation, der technologischen Einrichtungen. Männer müssen sich das Wochenende ebenfalls freihalten, Sabbaticals machen. Es gibt Männer in Top-Positionen, die das tun, aber es nicht sagen. Man will ja nicht als Weichei gelten. Der 80-prozentige CEO ist nicht salonfähig bei uns. Das muss sich ändern.

Nur – das geht nicht so einfach. Man muss in den Verwaltungsräten, den Entscheidungsgremien mehr Frauen haben und die Quote einführen, um diese alten Zöpfe abzuschneiden. Denn dass der Markt sich selber regelt, dem ist nicht so. Der Markt geht immer auf individuelle Ziele los.

Frauen müssen deshalb viel, viel selbstbewusster die Förderung einfordern. Und unter Förderung verstehe ich hochstehende Management-Weiterbildungen – Executive MBA's HSG, Zürich, Insead und andere Anbieter mit weltweiter Reputation. Das trennt die Spreu vom Weizen. Super-Tools für die Vorbereitung auf Führungspositionen sind wichtig.

Frauen müssen sich besser vernetzen. Ich bin überrascht, wie stark Frauen immer noch nur auf Leistung statt auf Netzwerke fokussieren. Also Netzwerkarbeit aufbauen! Männer haben keine Skrupel, keine Bedenken, ihr Netz zu nutzen für die Karriere. Zudem folgen sie dem ›Yes, I can-Prinzip‹. Wenn eine Position ausgeschrieben ist und die Ausschreibung ist eine bis zwei Positionen höher als bis dato, dann sagt der Mann: Ja! Ich kann das, will das, stemme das! Frauen aber bewerben sich nicht darauf, weil sie glauben, die Nummer sei zu groß für sie.«

Auftrittskompetenz, Kommunikationskompetenz, Führungskompetenz verbessern, das seien spezielle Kompetenzfelder, die Frauen deutlich optimieren könnten, davon ist Holger E. überzeugt.

»Es gibt dazu spezielle Weiterbildungsangebote. Selbstbewusstsein gehört zum Erfolg. Es braucht aber keine frauenspezifischen Führungsprogramme. Nur das Auftreten, das Kommunizieren und das Selbstbewusstsein sind zu trainieren.«

Macht eine Frau on the top einen Unterschied?, frage ich meinen Gesprächspartner. »Sicher, alles ist viel mehr auf Teamwork, Zusammenarbeit ausgerichtet. Weniger Einzelkämpfer ist das Motto. Der Sprachgebrauch – das beobachten wir immer wieder – wird auf ein höheres Niveau gebracht, was ein schöner Nebeneffekt ist. Der Umgang untereinander wird besser. Auch bei Arbeitseinsätzen sehe ich, dass Frauen pflichtbewusster sind.«

»Nicht kämpfen müssen«, ist die Devise. Dafür gibt es einige Regeln

Brave Mädchen, emsig, eifrig, »around the clock« zu Diensten, fast zu perfekt, um wahr zu sein – solche Karrierefrauen bevölkern ganze Unternehmenslandschaften. Sie sind die eifrigen Arbeiterinnen, die den Unternehmensboden fruchtbar machen und in super geordneter Manier nicht selten in ihrem Übereifer einfach lästig werden.

> *»Wenn Frauen*
> *unter Karrierestrom stehen,*
> *ist alles dabei.*
> *Kopf, Herz, Seele, Körper.*
> *Leidenschaftlicher Totaleinsatz.*
> *Alles auf einer Karte: lebensgefährlich!«*

Einer der Kapitalfehler bei Frauen ist ihr Übereifer, ihr maßloses, selbstloses Streben nach immer mehr Leistung. Nach immer mehr

Höchstnoten. Sie sind gefangen darin, immer besser, immer schneller und immer perfekter werden zu müssen, um endlich die Anerkennung zu erhalten, die ihnen längst gehört.

»Alles Gute, das zu viel ist, wird schlecht.« Immer und immer wieder begegnet mir dieses Zitat in meinen Gesprächen mit Frauen, kaum je mit Männern. Es scheint etwas Weibliches zu sein, dieses Streben nach höchster Perfektion, nach Unendlichkeit in allen Leistungsbelangen des Lebens. Und es ist Zeit, dieses zu verabschieden! Besonders dann, wenn Frauen in ihrer Arbeitsversessenheit den Spaß vergessen, Leistung um der reinen Leistung willen liefern, emotionale Distanz vermissen lassen und Konflikte tendenziell persönlich nehmen. Wenn sie dann auch noch vergessen, dass Unternehmenspolitik immer politisch ist und jeder Auftritt, jede Sitzung, jede Mail, jede Reaktion (auch Nicht-Reaktion) ein spielerisches Abstecken von Territorialansprüchen darstellt, von Netzwerkkoalitionen, von ungeschriebenen Gesetzen der Dos and Don'ts – dann wird es eng. Denn dann haben sie die typisch männlichen Machtnormen außer Acht gelassen.

Eine Antwort darauf, einen »anderen« Machiavelli für Frauen, wollte ich vor vielen Jahren schreiben. Harriet Rubin kam mir zuvor. Ein Buch, das mit unglaublich polarisierenden Kritiken umgehen musste. Denn es kratzt an allen Ecken und Kanten an den Machtnormen. Den männlichen. Den machiavellistischen. Ich habe mir damit wohl einige Kritik erspart. Die im 16. Jahrhundert aufgekommene, dem Politiker Niccolo Machiavelli zugesprochene politische Theorie definiert sich als eine, nach der zum Erreichen oder zum Erhalt von Macht jedes Mittel legitim ist, unabhängig von Moral und Recht. Der so definierte männliche Machiavellismus dürfte in seiner rohen Form kaum mehr in erfolgreich geführten Unternehmen auffindbar sein. Ausläufer jedoch, diese subtilen, welche die Kategorien »wahr« und »gut« tendenziell zum eigenen Vorteil interpretieren und nicht selten unter dem Motto »Der Zweck

heiligt die Mittel« politischen Realismus mit nur partiell einge-
schränkter und kontrollierter Macht ausüben, sind zweifellos
vorhanden. Ethische und moralische Kriterien werden unter der
Rubrik »Nützlichkeit« für den eigenen Machtausbau missbraucht.
Die Gunst des Augenblicks wird zur eigenen Aufstockung von
Macht, Ruhm und Würde genutzt, ohne sich primär um das Wohl
des Ganzen zu kümmern. Insofern also ist politischer Machiavellismus noch immer in seinen Ausläufern vorhanden und natürlich für
innovative, kreative, querdenkende, kritisch fragende, strategisch
im Sinne des Unternehmens handelnde Führungskräfte in extremis
hindernd und nicht selten tödlich.

Es gilt also, Frauen wesentliche politische Machtinstrumente in
die Hand zu geben.

Frauenregel Nr. 1: Politisch smart, vorausdenkend, vernetzt agieren

Ein wichtiges Machtinstrument ist das Wissen, Kennen, Erkennen
und Handhaben der alt-machiavellistischen Bremsklötze innerhalb
des eigenen Wirkungs- und Aufstiegsbereichs. Dazu gehört ein politisches Gefühl und ein strategisch smartes Vorgehen, immer auch
flankiert von ebensolchen Mentoren, einem starken Netzwerk und
dem Aufbau einer eigenen starken und nervenstarken Reputation.

Die Zeit feudalistischer Herrschaft ist vorbei. Ausläufer allerdings sind noch immer nicht selten altgediente Machthaber der her-
kömmlichen Schule, die so ganz und gar nicht bereit sind, einen Teil
des Machtkuchens abzutreten. Und schon gar nicht an eine Frau.

Wenn Frauen die Rechnung ohne diese Realität machen, verlieren sie über kurz oder lang. Und deshalb gilt es, eigene Instrumente
für den politischen Aufstieg parallel zu entwickeln und zu nutzen.

Da ist die junge Managerin, die einfach keinen Spaß mehr daran
findet, sich dauernd persönlich zurückzunehmen. Sie hat bei einem
weltweit tätigen Branchenleader vor zehn Jahren einen fulminanten

Start hingelegt. Nach kurzer Zeit versetzte man sie als Einzelkämpferin ins Ausland und überantwortete ihr den Aufbau eines Profit-Centers ihres Spezialgebietes. Mit Erfolg. Sie generierte nach nur wenigen Monaten erste Sales-Erfolge. Sie stellte gut ausgewählte Mitarbeitende ein, brachte ihr Flagschiff zum Fliegen. Und arbeitete still weiter, wissend, wie erfolgreich sie war. Sie arbeitete. Viel und gern. Nicht selten an Wochenenden. Sie liebte es, zu arbeiten, denn dies hier, dies war ihr Baby, ihr Ding. Wie eine Mutter gab sie ihr ganzes Sein und Leben mit einer Hingabe an den Aufbau ihres Projektes, sodass sie vieles um sich herum kaum mehr wahrnahm. Und sie vergaß, versessen auf die messbaren Erfolge, ihre eigene, politisch geschickte Erfolgsstrategie zu etablieren. Schwach vernetzt, instabil abgesichert, wenig visibel als Managerin, kaum präsent bei internationalen Meetings war sie stark ihrem Einzelkämpfertum verpflichtet. Dann beschloss das Headquarter Phase II des Aufbaus. Nun musste nach erfolgreicher Initialzündung ein Manager her, der bestens vernetzt, vom Headquarter geschätzt, machtpolitisch integriert und strategisch längerfristig informiert, das von dieser Frau mit Liebe und Leidenschaft engmaschig geführte Juwel ins international kompatible rechte Licht rücken sollte. Die Frau wurde kurzfristig über anstehende Veränderungen informiert, man setzte ihr – selbstverständlich im Rahmen einer salonfähigen Reorganisation – den gewieften Manager vor die Nase und machte sie zu seiner rechten Hand, die fortan wieder auf Projekte und regionen- bzw. länderspezifische Koalitionen angesetzt wurde. Die Welt dieser Frau brach zusammen. Aber komplett und radikal. Alles hatte sie in dieses »Baby« gesteckt, wie sie es nannte, ihr Leben, ihr Sein, ihr Wirken, ihre Werte, einfach alles.

Unklug hatte sie alles auf eine Karte gesetzt, keinen Deut diversifiziert und naiverweise angenommen, dass ihre Leistung allein genüge, um sich zu profilieren. Hätte sie klug, taktisch und unternehmenspolitisch nachgedacht, wäre sie anders vorgegangen. Sie hätte wissen müssen, dass ein geborenes Kind, das beginnt, erfolgreich zu fliegen, in andere Hände wechselt.

Frauenregel Nr. 2: Innere Distanz bewahren, Metaebene beherrschen

Frauen werden als Krisenmanagerinnen, als Aufbauarbeiterinnen, als Konfliktmanagerinnen, als Initialzünderinnen und nicht selten als Trümmerfrauen gerne und gut eingesetzt. Läuft der Laden aber, wechselt er die Hand.

Um dies zu verhindern, muss die Frau machtpolitisch agieren: Wissen, ihr Wissen, ist Macht. Ihre Kunden, ihre Mitarbeitenden, ihre eigene Reputation als wichtige und machtvolle Managerin, ihre Präsenz, ja Dauerpräsenz bei machtrelevanten Meetings und Konferenzen müssen doppelt unterstrichen werden: mit vielen und gewichtigen Wortmeldungen, mittels relevanter Fragen, Zusammenfassungen, mittels Wortführerschaft und präzisem Zeitmanagement. Die Frau muss gesehen werden mit den Keyplayern des Anlasses, sie wählt die richtige Tischordnung, wechselt beim Apéro gekonnt die Machtplätze und ist jederzeit im Bild über freundliche und feindliche Koalitionen, die sie smart und gekonnt handhabt. Diplomatie, ein geschickter Gang über den roten Teppich, eleganter Small Talk bei delikaten Diskussionsthemen, im Zweifelsfall stets locker mit einem Lächeln: Hier zeigt sie die Zähne unter diversen Vorzeichen, doch immer lächelnd. Ecken und Kanten sind nicht salonfähig; es genügt, wenn sie diese einsetzt und durchsetzt, wo es sachimmanent dienlich ist.

Ein weiblicher Machiavelli will nicht Gewalt, sehr wohl aber Macht. Die Frau holt sich die Meriten und Pfründe, die sie sich erarbeitet hat, das Lob und die Anerkennung, die ihr gebühren, sie hinterlässt aber – niemals – die Spur eines »Opfers«, sich selber zuliebe nicht, aber auch nicht für andere. Dieser sozialverträgliche weibliche Machiavellismus fehlt vielen Managerinnen. Ohne diese gesunde Portion Kampfgeist und politische Smartness gelingt Karriere nur zeitlimitiert. Zurück bleiben weibliche Opferlamenti, Bitterkeit und die Verzweiflung einer Frau, die das Beste wollte, tat und leistete und das Schlimmste erlebte: Man nahm ihr ungefragt und undiskutiert »ihr Baby« weg. Die Metaphorik vieler Managerinnen spricht eine eigene Sprache. Es kann und darf nicht sein, dass eine Frau unternehmerische Leistungen als »eigenes Baby« bezeichnet. Dies würde allenfalls knapp durchgehen im Falle eines eigenen Unternehmens. Einer solchen Frau fehlt die gesunde Distanz, die professionelle Knautschzone, die ihr erlauben, den Wald vor den Bäumen zu sehen, politische Försterinnenarbeit zu leisten und dabei auch noch andere lebensrelevante Themen zu bearbeiten, wie etwa Familie, Partnerschaft, Leidenschaft und Pionierarbeit im eigenen Leben.

Eine Managerin ohne die Fähigkeit, immer wieder auf gesunde, professionelle Distanz zum eigenen Unternehmen, zur eigenen Leistung und Positionierung zu gehen, lebt gefährlich einseitig. Und wie überall bei diesem Fehlen von Balance – lauern Korrektiva und Zäsuren.

Die Jungmanagerin, die ich oben beschrieben habe, hat innerlich resigniert; sie hat das Gefühl, allein dazustehen, sie fühlt sich als Opfer und als solches ist sie, die einstige kämpferisch-frohe Aufbauarbeiterin, zu einem wandelnden Vorwurf geworden, mit dem man möglichst wenig Konfrontation sucht. Man hat versucht, sie einzuladen, wieder zur »person to go« zu werden, zur beliebten Fachexpertin, die sie war. Man hat sie eingeladen, um Hilfe zu bitten, wenn sie nicht weiß, wie sie sich verhalten soll, um Reparaturarbeit an ihrem Imageproblem zu leisten, doch sie ist zu traurig und deprimiert dazu.

Ich habe keine Ahnung, ob diese junge, erfolgversprechende, liebenswürdige Jungmanagerin die Kraft aufbringt, den Quantensprung zu machen und in das politische Lager zu wechseln, das ihr den Weg wohl auch heute noch freimachen würde. Ich wünsche es ihr und ihrem Unternehmen von Herzen, denn was einst so brillant begonnen hat, sollte doch nicht so leicht aufgegeben werden. Viele Tränen, Vorwürfe und Ressentiments sind aber wohl leider schon über die Bühne gegangen und haben Unheil und Reputationsschäden bei ihr generiert.

Einzelkämpferinnen müssen starke Netzwerke haben, ihr Self-Marketing genauso planen wie jenes ihrer Projekte oder Assets, sie müssen sich politischen Realitäten stellen und dabei möglichst unemotional und strategisch politisch Schachspielen lernen, und dies zusammen mit einem versierten Mentoren, der sich wirklich fundiert auskennt. Das ist das A und O – und einmal gelernt, ist gelernt.

Frauenregel Nr. 3: Boxenstopp einrichten, es nicht allen recht machen wollen

Selbst wenn Frauen die Hälfte ihrer totalitären Ansprüche und Erwartungen an sich selbst zurücknehmen, sind sie überdurchschnittlich erfolgreich. Männer müssen Frauen darin bremsen, eine fatale Totalität in der Zielerreichung auszuleben. Wer permanent mit hohem Blutdruck lebt, lebt gefährlich. Wer permanent seinen Sportwagen hochtourig fährt, kann verunfallen. Wer nur noch ein Fenster zum Leben besitzt, kann rasch erblinden. Es ist, als hätten sich Frauen seit Jahrtausenden selber konditioniert. Sie haben Übermenschliches geleistet, sich höchsten Ansprüchen ausgesetzt, sich immerfort am Limit bewegt. Jeder Vorgesetzte, besonders jede weibliche Vorgesetzte muss dieses Phänomen observieren, kontrollieren und sofort korrigieren, bevor Trauerfälle wie derjenige der oben beschriebenen Jungmanagerin geschehen.

Unternehmen haben Verantwortung für die Besten. Für die mit Haut und Haar committeten Erfolgsmacherinnen und -macher. Sie müssen sie bremsen, wenn sie dauerhaft über ihrem Soll fahren. Und sie einladen, immer wieder auf das politische Parkett zu wechseln und die Metaebene zu betrachten, um das Gefühl für unternehmenspolitische Machtwerke zu erhalten und diese richtig einzuschätzen. Politik ist faszinierend, wenn sie in guten und fähigen Händen ist. Und genau hier gehen künftige Talente und Charaktere, vorab von Frauen, oft verloren. Doch diese hätten die Gabe, auch die weibliche Politik mit weiblichem Blickwinkel einzubringen.

Da ist die mächtige Personalchefin eines staatlichen Instituts, die sich allerdings ihrer Macht kaum bewusst ist. Ganz im Gegenteil. Seit wenigen Monaten im Amt, neigt sie dazu, es allen recht machen zu wollen. Sie ist keine Einzelgängerin, sondern eine ausgesprochene Teamplayerin. Basisdemokratisch will sie alle möglichen Entscheidungen gemeinsam erarbeiten und steckt fest in Endlosdiskussionen mit ihren Teams. Man erwartet von ihr Resultate. Eingemachtes. Entscheide. Sie diskutiert noch. Leistet Überzeugungsarbeit. Und nun sitzt sie bei mir und schildert mir ihren Konflikt. Es fehlt ihr (noch) an Mut, sich unbeliebt zu machen und in der Einsamkeit der Führungsentscheide auch einmal auszuhalten, von geschätzten Mitarbeitenden und Peers nicht geliebt zu werden. Sie hat sofort verstanden. Manchmal braucht es eine oder zwei Fallstudien und der drohende Schaden ist behoben. Einsichten und Erkenntnisse waren hier sofort da. Das stete Anmelden von Machtansprüchen ist das Gebot der jetzigen Phase, ohne das rein gar nichts mehr ginge. Entscheidungen treffen, durchaus auch einmal falsche, vorwärtsmachen, anpacken und Ziele umsetzen sind ebenfalls Politika, die in diesem Fall zwischen ihr und ihrem Vorgesetzten kurz und bündig realisiert wurden.

Frauenregel Nr. 4: Weibliche Präsenz zulassen, genießen

*»Augenzeugen sagen von Golda, Jeanne
und Ayn, dass niemand neben ihnen
existieren konnte. Sie waren gewaltige
Mächte; sie benutzten die Waffen, die nur
wenige Frauen heute anwenden würden,
um ihren Status zu verteidigen.«*

Harriet Rubin

Zu den Waffen, den strategischen und taktischen, gehört auch das Äußere einer Frau. Es ist ihre Ausstrahlung, sonst eingesetzt in der Kunst der Verführung, hier auch der Führung. Stimme, Körperhaltung, die Verbindlichkeit der Sprache, ihre nonverbalen Signale, ihr Haar, Make-up, ihre Kleidung, ihr Schreiten, Sitzen, ihre Mimik – Reaktionen, Lächeln, Begrüßen, Verabschieden: Dies alles macht die Geschichte einer Frau aus. Frauen entscheiden, welche Geschichten ihrer Führerschaft, ihrer Stärke, ihrer Werte sie verkaufen wollen. Die Konzentration auf die eigenen Stärken, auf den USP, das eigene Profil und die Persönlichkeit – all das macht sie stark im Auftritt. Im politischen Auftritt. Im Tanz um Macht und Hierarchie.

Und so schreibt Harriet Rubin treffend: *Eine Fürstin, die ihre Rolle kennt, richtet alle ihre Waffen darauf aus, eine Kraft zu werden, mit der man rechnen muss.*[15] Es geht darum, zum Bild dessen zu werden, was die eigenen Stärken sind: in Aussehen und Kommunikation. Frauen müssen lernen, ihre Stärken mitzuteilen und fühlbar zu machen!

Dazu gehört auch das Arsenal nonverbaler Symbole. Sie bringen Spannung in den Raum. Die Symbole, die Frauen tragen, sind ihre Waffen. Frauen müssen ein Teil ihrer Geschichte sein, ein Teil ihrer Authentizität, ein Teil ihrer selbst, um nicht als Dekoration wahrgenommen zu werden. George Sand trug als eine der ersten Frauen Hosen. Ihr Markenzeichen. Diese Hosen müssen kein Label sein, sondern eine authentische Ausdrucksform der eigenen Geschichte. Dann sind sie eine politisch starke Waffe. Billige Objektivierungen und die Zurschaustellung von Weiblichkeit sind damit explizit nicht gemeint. Es ist die echte Extraversion gelebter Geschichte, der individuellen Geschichte, mit all ihren Symbolen, die eine Frau stark auftreten lässt.

Wir lesen bei Rubin eindrücklich nach: *J. gebrauchte die Spannung im Raum auf brillante Weise, indem sie nichts anderes tat, als die Symbole, die sie trug, einzusetzen – ihre Waffen. Sie versah sich mit Schmuck, wie ein Soldat mit Khakihosen oder ein Politiker seinen dunklen Anzug trägt: Die Kleidung diente dazu, ihre Gegenwart außerordentlich zu machen. Sie wurde dadurch mysteriös und bekannt zugleich. Jede Person im Raum verschwand im Schatten ihrer enormen – aber nicht aggressiven – Gegenwart. Was sie sagte, wurde durch die nonverbalen Symbole noch fesselnder, und diese konzentrierten sich darauf, wer sie war.*[16]

Ich mag Rubins Ausführungen deshalb, weil sie die grausamen Reduktionsrealitäten auf Frauenbilder ad absurdum führt. Alle gesellschaftlich normierten Ansprüche auf perfekte Frauenkörper – ausgemessen, kategorisiert und qualifiziert –, auf billige Frauenwerbung und ihre fatalen Auswirkungen auf wenig selbstbewusste Frauen werden durch diese Sichtweise ausgehebelt. Eine Frau mit Woman Power ist eine, die nicht in Relation zu einem normierten Ideal lebt, sondern ihr eigenes Ideal schafft, lebt und vorlebt. Doppelt unterstrichen durch die Kraft ihres Auftritts, und zwar in allen Facetten.

Eine Frau, die Woman Power verkörpert, IST ihre eigene Geschichte. Weil sie eine Frau ist, die ihre eigenen Geheimnisse besitzt. Und die sind stärker als patriarchale Korrekturen und Normen. Diese Frauentypen, die letztlich auch als Archetypen für starke

Frauen im Management und in Machtpositionen dienen, werden von der Menschheit seit jeher studiert, vergöttert, idealisiert, bewundert. Diese Frauen sind die Pfeiler, auf denen Woman Power gedeiht. Auch Männer, die sich ihrer weiblichen Charakterzüge und Anteile bewusst sind, vermögen diese charismatische Wirkung zu haben und neben solchen Frauen zu bestehen.

Wenn wir von Woman Power sprechen, geht es darum, den weiblichen Waffen, die jede Frau individuell und bedingt durch ihre eigene Geschichte besitzt, eine spürbare Authentizität zu geben und sie strategisch geschickt im Rahmen machtpolitischer Ziele einzusetzen. Diese nicht einzusetzen, ist Selbstsabotage pur, ist eine unehrliche Selbstbeschneidung von Rechten auf ein weibliches Wirken, die nur verletzen kann.

Schauen wir uns nun die Business-Frauen an, die glauben, sich à tout prix in die männlichen Normen einpassen zu müssen; sie stehen diametral zu Rubins Thesen und gehen in den Massen des mittleren Managements in Grauweiß-Anzügen förmlich unter. Darunter findet sich kaum eine sich machtvoll gebende Frau, sondern selbstbeschnittene, kleinmütige und nicht selten zutiefst in ihrer Weiblichkeit verunsicherte Schicksale eigentlicher Fürstinnen, brillanter Denkerinnen, hochbegabter Leaderinnen und hartnäckiger Kämpferinnen für ehrgeizige Unternehmensziele. Es ist an der Zeit, diesen Frauen den Mut zu geben, mächtig und weiblich aufzutreten, aus den männlichen Reihen auszuscheren und bewusst auf die eigene Autonomie als Frau, als »anders« zu setzen. Mit eigener Geschichte, Realität und Sicht der Welt.

»Let's get real – or let's not play«[17] ist der Titel eines zurzeit zu Recht diskutierten Buches über echte Beziehungen in der Geschäftswelt. Es fasst zusammen, was dort ebenso gilt: nämlich die Aufforderung, wirklich, wahrhaftig, stark und selbstsicher anders – in diesem Fall als Frau – aufzutreten und damit Geschichte zu machen. Wenn Frauen dies nicht mögen, nicht wollen – nicht können, dann bleibt womöglich der Aufstieg in den Olymp des Topmanagements Wunsch vor Wirklichkeit. Den Weg zu gehen heißt aber auch, authentisch zu bleiben, die eigene Persönlichkeit zu entwickeln.

Frauenregel Nr. 5: Authentisch sein, innere Freiheit bewahren

> *» Wann weiß man, dass man sterben wird?*
> *Wenn man keine Faust mehr machen kann. «*
> Naomi Shihab Nye

Neue Normen entstehen dann, wenn alte gesprengt werden.

Weiblichkeit in der Führung hat dann eine normative Kraft, wenn alte Normalitäten durchbrochen werden. Wer hat uns gesagt, was Stärke ist? Was Schwäche ist? Wer hat uns in unzähligen edukativen Situationen beigebracht, was wir tun und lassen sollen, was wir dürfen? Neues entsteht immer nur in der Verabschiedung von Altem. Und das wird die Aufgabe der Frauen sein.

Selber entscheiden, was gut tut, was Kraft gibt, was wirksam und Erfolg versprechend ist, und was eben nicht, ist Experiment Leben. Und das wird immer wieder die Arbeit der Frauen sein!

Was meine ich damit?

Ich sprach am Anfang dieses Buches von den vielen ungeweinten Tränen starker Frauen. Jede dieser ungeweinten Tränen schafft Blockaden. Sie hält zurück, was losgelassen werden muss: Gefühl, Frust, Freude, Anteilnahme, Berührtheit – anderen mitgeteilt wird es zu einem Stück Gemeinsamkeit und schafft zugleich Gemeinsamkeit. Herkömmliches Management aber verpönt Emotionalität. Ganze Persönlichkeiten verstecken sich hinter »comme il faut« und verleugnen ihre Einzigartigkeit.

Menschen lassen sich verbiegen, Persönlichkeitsmerkmale, die nicht ins Schema passen, werden versteckt. Der normierte Manager hat keine Chance, seinen USP, seinen einzigartigen Fingerprint aktiv zu vermarkten, zu genießen, zum Markenzeichen gedeihen zu lassen. Es sei denn, er wirft die Vorschriften über Bord und schafft einen neuen Nettowert seiner Persönlichkeit. Nur diese wird zukunftstauglich sein. Denn der Nettowert einer Führungskraft ist die einzige Konstante in einer Welt konstanter Veränderungen. Nur wer den Kern der eigenen Persönlichkeit kennt, lebt und vorlebt, wird als echt, vertrauenswürdig, als führungsstark und integer wahrgenommen.

Tränen sind für mich eine beliebte Metapher, weil sie für den Paradigmenwechsel stehen. Sie zeigen Berührbarkeit, Sensibilität, Gefühl für Situationen, Menschen, Tiere, Befindlichkeiten. Tränen des Zorns und der Enttäuschung sind echte Momente in jedem Leben. Tränen sind sichtbare Zeichen einer bewohnten Seele. Und immer wieder darf ich Zeuge von ihnen sein in meinen Coaching-Sitzungen. Starke Tränen, die den direkten Zugang zu unterdrückten Ängsten schaffen. Tränen, die weich machen, durchlässig machen für die persönliche Entwicklung. Tränen der Weisheit, der Erkenntnis, der Schönheit, der Echtheit, der Lebendigkeit. Tränen galten früher als Stärke: Sie waren einst die Zutaten starker Männer, starker Frauen, Heldentränen waren Zeichen der Größe und Erhabenheit. Umdenken und Echt-Sein beginnt oft mit so kleinen Marginalien wie Tränen. Enttabuisiert wären sie mir so lieb wie ein Lächeln.

Wussten Sie, dass griechische Helden aus Freude wie aus Trauer weinten, weinen mussten? Sie weinten, um die Kraft des Ausdrucks zu feiern. Mark Twain soll erwähnt haben, dass die starke, rebellische Jeanne d'Arc immer und überall weinen konnte, nah am Wasser gebaut war und stets den Tränen nahe. Sie war damit touchable, eine Anführerin eigener Werte, die ihr Herz so weit zugänglich machte, dass Menschen darin lesen und an ihren Gefühlen partizipieren konnten. Und auch ich kenne starke, erfahrene und erfolgsverwöhnte Männer, CEOs, männliche strenge Unternehmensleiter, die nicht selten den Tränen nahe sind, wenn sie berührt werden. Es sind dies starke Gesprächsmomente, die auch mich berühren.

Tränen stehen damit für den möglichen Paradigmenwechsel, für empathische, sozial kompetente, lebensechte und berührbare Unternehmenskulturen, die in ihren Mitarbeitenden nicht nur jederzeit auswechselbare Leistungsträger und »Führungskräfte« sehen, sondern Menschen, Persönlichkeiten, gelebte Leben, die sich nach bestem Wissen und Gewissen in ihren Dienst stellen und darin nicht ersetzbar sind.

Politisches Können, weibliche Strategie und das Durchsetzen normativer Veränderungen durch das Bewahren der inneren Freiheit und Authentizität in der Führung können neue Kulturen hervorbringen, die von Frauen maßgeblich geprägt werden. Das ist Frauenarbeit.

Frauenregel Nr. 6: Umdenken wollen, Innovation wagen

Umdenken könnte heißen: Immer stärker Wert auf nachhaltige Unternehmerleistung legen. Auf ethische Aspekte des eigenen Tuns. Umdenken heißt Sustainability vor unbedingter Gewinnmaximierung, heißt Verzicht auf Produkte, die mit einer aufgeklärten Gesellschaft nicht vereinbar sind. Dienstleistungen. Heißt Awareness in allen Bereichen der Unternehmensleitung.

Frauen werden dringend gebraucht. Woman Power heißt nämlich letztlich nichts anderes als Zivilcourage des Herzens im Loslassen sicherer Todesstrategien für die Zukunft. Das Alte hat ausgedient. Ein neues Zeitalter hat begonnen.

Frauen haben es in der Hand, das Überleben unserer Kinder zu sichern. Der Planet ist ausgepumpt, unsere Moral ausgepowert, unser Zusammenleben erstarrt in der Agonie des Wohlstands und im Massensterben in weiten Teilen der Welt.

Wir, die wir dem Gesetz der Resonanz unterliegen, haben erkannt, was wir da anrichten. Mit naturwissenschaftlicher Genauigkeit spiegelt uns der Zustand der Welt und unserer Seele exakt das wider, was wir als persönliche Saat in die Welt gesetzt haben.

War das in Ordnung, dann arbeitet die Zeit für uns. Wenn nicht, bleibt da hoffentlich noch genügend Zeit, um es in Ordnung zu bringen. Unser aller tägliches Intervenieren, Handeln und Agieren ist Pflicht, längst keine Kür mehr.

Nachhaltigkeitsentscheide, Ethikdiskussionen, Ökologie und Ökonomie im Schulterschluss schaffen Lebbarkeit des Planeten. Und die Wirtschaft hat hier eine Schlüsselrolle, eine Vorbildfunktion, eine normative Rolle.

Diese Welt verdient es, dass wir sofort umdenken. Dass wir unser eigenes Vorbild sind und unsere Schritte, auch wenn sie noch so klein sind, in Richtung Nachhaltigkeit für eine bessere Welt lenken. Unternehmen, Persönlichkeiten werden mit Nachhaltigkeitspreisen ausgezeichnet.

Im täglichen Leben sind wir in der Lage, millionenfache kleine Preisträger zu sein. Ein Quäntchen Glücksgefühl, vielleicht einige zusätzliche Endorphine oder zumindest ein gutes Gefühl sind die Belohnung.

Jeder Einzelne von uns hat es nun in der Hand, jedoch ohne Woman Power geht gar nichts. Unsere Welt im Kontext der globalen Entwicklungen führt zu einer Spirale immer größer werdender Anforderungen an die Führungskräfte erfolgreicher Unternehmen. Wo in den 1970er- und 1980er-Jahren viel Energie und Geld in Seilschaften geflossen ist und Grundschwächen von Führungskräften elegant überdeckt wurden, ist heute der Geldhahn zu. Und je flacher die Hierarchie, desto fähiger muss die Führungskraft sein. Was also heißt fähig?

Umdenken tut not, wir brauchen Leadership auf allen Führungsstufen eines Unternehmens. Wirkliche Leader sind seltene Er scheinungen, Leaderinnen gar dürften mit der Lupe zu suchen sein. Leadership ist eine zu kostbare Essenz für die Entwicklung eines lebendigen und organisch wachsenden Unternehmens-Gebildes, um sie zu verschenken.

Eine zukunftsgerichtete, auf die Bedürfnisse eines Unternehmens ausgerichtete Führungsausbildung weiß von der Kostbarkeit Leadership, besonders in Phasen von Destabilisierungen, und entwickelt dieses Potenzial bei ihren Führungskräften gezielt.

Leadership heißt:

- *Persönlichkeit, Leistung und Sinn zu verbinden.* Leadership ist die Voraussetzung für jede erfolgreiche Zukunftsbewältigung des konstanten und immer schneller werdenden Wandels.

  Es gilt, schnellstmöglich neue Lösungen für alte Probleme zu finden. Das stellt hohe Anforderungen an die intellektuelle, charakterliche, geistige Reife des Menschen, an interdisziplinäres Denken, die Fähigkeit, prozessorientiert zu agieren. Dazu braucht es Mut, Kreativität und Authentizität.

- *Leadership-Erfolgsfaktoren* besitzen die Qualität von Visionen, von Zielsetzungen, gesunder Selbsteinschätzung und sinnvollem Energiemanagement.

- Umfassende Lösungen entstehen von Entscheidungsträgerinnen und -trägern, die es verstehen, *Verantwortung wahrzunehmen und weiterzudelegieren:* mit Weitsicht und folgerichtigem Denken konsequent zu handeln.

- *In Lösungen zu denken und zu handeln,* mit Rückgrat und Integrität, Klarheit und Mut, sowohl im Team, als auch im Alleingang, wo nötig.

- *Sinn-Management zu betreiben*: Die Mitarbeitenden werden so eingesetzt, dass sie sich fachlich und persönlich kontinuierlich weiterentwickeln können.

- *Mitarbeitende, Direct Reports, Peers, Vorgesetzte, Stakeholders zu motivieren,* das heißt, ihr individuelles »Sinn-Motiv« ihres Einsatzes zu treffen. Menschen reifen so an Aufgaben, Verantwortung, Kompetenzen. Es gibt keine minderwertigen Aufgaben.
- *Smarte, schlagkräftige Teams zu bilden,* in denen jede/r Mitarbeitende ihre/seine Rolle auf dem Parkett der Unternehmensentwicklung hat und kennt. Alle Mitarbeitenden bilden damit gemeinsam ein »Stärken-Portefeuille« in einem unschlagbaren Team.
- *Freiräume für Denken, Entfaltung und Verdienst zu schaffen:* Die Mitarbeitenden werden nach den Regeln des Fairplay geführt. Es sollen Möglichkeiten geschaffen werden für Incentives, Raum für die unternehmerische Einbindung der Schlüssel-Mitarbeitenden und Core-Crews, für das Gleichgewicht von Aufgaben, Verantwortung, Kompetenz und Lohnstruktur sowie Modelle von Erfolgs- und Unternehmensbeteiligungen.
- *Spaß und Passion zu vermitteln:* sowohl für eine überdurchschnittliche Leistung als auch für den unternehmerischen Einsatz und die Zusammenarbeit.
- *Kreativität, Innovation und Macher-/innentum* zu implementieren.
- *Mit Niederlagen umzugehen* und sie als »Learning« zu sehen, zu dokumentieren und zu teilen.
- Virtuos mit Veränderungen umzugehen als *Change Leader.*
- *Interkulturelles Wissen und Können* zu erarbeiten, das Brücken zwischen Sprachen und Kulturen bildet.
- *Menschen zu lesen,* Menschen zu führen, zu ihren Talenten, Stärken und Möglichkeiten entwickeln zu lassen, die weit über das rein Messbare und Sichtbare hinausgehen.
- *Täglich zu lernen* und dabei an Selbstbewusstsein zu gewinnen.
- Leben und Wirken immer *in gesunder Distanz* zu würdigen und den Überblick zu bewahren, Prioritäten zu sehen und den Mut zur Lücke zu haben.

- *Sich abzugrenzen, Nein zu sagen,* die eigene Gesundheit zu erhalten und zu pflegen.

Margarete Mitscherlich, eine der führenden Psychoanalytikerinnen der 1970er-Jahre sprach von der weiblichen Zukunft.[18] Sie spricht auch in einem Aufsatz davon, wie sie die Zukunft der Geschlechter einstuft. Eines ist klar: Ich halte Frauen nicht a priori für pazifistischer als Männer; vielmehr denke ich, dass Frauen durch ihre Geschichte der vergangenen 2000 Jahre und durch ihre dezidiert andere Erziehung und Sozialisation unserer Breitengrade ganz einfach ein Stück menschlicher Aggression abtrainiert wurde. Friedfertigkeit mag in der Tat ein Stück Verinnerlichungsergebnis der den Frauen durch Erziehung nahegelegten Werte sein und beinhaltet damit auch die Chance, differenzierter mit der eigenen Gefühlswelt umzugehen. So schreibt Mitscherlich, und hier bin ich mit ihr einig:

Es gibt Emotionen, die den Verstand vernebeln, und solche, die ihn erhellen. Ein Verstand ohne Wissen über seine Gefühle ist der Flachheit und den Begrenzungen des Denkens ausgeliefert. Mittlerweile ist es Forschern auf unterschiedlichen Gebieten klar, dass die Qualität des Verstandes von der Lebendigkeit der Gefühle abhängt bzw. der Fähigkeit, diese differenziert wahrzunehmen. Dazu bringen Frauen traditionell die besseren Vorbedingungen mit.

Die den Frauen durch ihre Erziehung nahe gelegten Werte der »Weiblichkeit« haben also auch ihre Vorzüge, denn Frauen lernen durch deren Verinnerlichung, differenzierter mit ihren Gefühlen umzugehen, der Kontakt zu ihrer Gefühlswelt ist gewöhnlich ungestörter als beim Mann. Leichter als er kann sie sich deswegen in andere Menschen einfühlen und den anderen als anderen wahrnehmen, was die Entwicklung der emotionalen Intelligenz fördert.

Wenn sich solche Fähigkeiten mit Wahrheitsliebe und Durchsetzungsvermögen verbinden, könnten Frauen lernen, mit Macht menschenfreundlicher umzugehen, als es der Männerwelt bisher gelungen ist. Für eine unkriegerische, menschliche Zukunft müssten die Frauen kämpferischer und Männer friedlicher werden, Frauen rationaler und Männer emotionaler, Frauen kritischer und Männer endlich mitfühlender.[19]

Nebst historischen und psychoanalytischen Erklärungsansätzen gibt es auch die ganz mutige Exegese eines weiblichen Zeitalters, das sich mitunter abenteuerlich liest und dennoch inspirierend genug ist, um den Schulterschluss zu meinen Beobachtungen zu machen. So lesen wir etwa im Buch von Sonja Löbbert »Das Zeitalter der Frau«: *Es geht jetzt (…) um die Rolle der Frau und ihre Entwicklung. Die letzten Jahrzehnte haben Frauen, die in Führungspositionen gelangen wollten, damit verbracht, ihre Weiblichkeit zu verstecken. Es galt die Prämisse, härter und stärker zu sein als die Männer, um sich an die Spitze zu bringen und vor allem dort zu bleiben. Alle typisch weiblichen Fähigkeiten mussten Frauen im Berufsleben unterdrücken. Dabei sind Frauen geboren und erzogen, um zu führen.*[20]

Auch ich bin überzeugt, dass wir am Anfang eines elementaren gesellschaftlichen Paradigmenwechsels stehen, der weibliches Denken, weibliche Werte seit Beginn des 21. Jahrhunderts schrittweise ins Zentrum rückt. Ob es tatsächlich ein Ende des Patriarchats bedeutet, ist unklar. Möglicherweise aber fordert diese Evolution einen radikalen Kulturwechsel ein, der von beiden Geschlechtern in einem neuen Selbstverständnis und Miteinander münden könnte. Ein Umdenken in verschiedenen Bereichen ist langsam, doch spürbar im Gang. Nach dem über 4000 Jahre alten chinesischen Mondkalender hat das kalendarische Frauenzeitalter im Jahr 2008 unserer Zeitrechnung begonnen. Ethik, Ökologie, Fragen der Nachhaltigkeit, Umgang mit den Ressourcen unseres Planeten, Tierschutz, das Aufblühen ganzer vegetarischer und sogar veganer Communities, die sich dem Tierschutz verschrieben haben, eine

Sensibilisierung für Sinnfragen, für Inhalte vor Verpackungen, eine ganz neue Verantwortung in allen Bereichen des Lebens hier und jetzt ist bemerkbar. Menschen wachen auf. Sie vernetzen sich und sind aufgeklärter denn je. Dank digitaler Kommunikation lässt sich Wissen in Sekundengeschwindigkeit exponentiell in die Welt transportieren und Gleichgesinnte an Bord holen. Selbst Zukunftsprognostiker werden die Auswirkungen unserer Technologien nicht im Geringsten ahnen können. Die Gegenwart gibt uns lediglich Aufschluss darüber, wie der Mensch erworbenes Wissen verarbeitet und wie veränderungsfähig und veränderungsbereit er ist. Dennoch mag ich das charmante Kokettieren mit spannenden Erklärungsansätzen, die ganz einfach das wissenschaftlich exakte Denken sprengen und bestenfalls ergänzen und inspirieren. Alles darf sein. Jede Perspektive, die dazu dient, breit gefächert zu spekulieren. *Ganzheitliche Strategien, wie Frauen den bevorstehenden Stellungswechsel auf eine höhere spirituelle Bewusstseinsebene und das neue Zeitalter des Womanpowerment besser meistern können, stehen im Mittelpunkt einer zukünftigen Definition der Weiblichkeit. Das weibliche Prinzip manifestiert pure Schöpferkraft, bedingungslose Liebe, Intuition, Warmherzigkeit und Power.*[21] Kommunikation, Achtsamkeit, Mitgefühl, Vorsicht, Besonnenheit und mehr bezeichnet Sonja Löbbert als typische weibliche Eigenschaften, die jede Frau zur geborenen Leaderin mache.

Das ist alles nichts Neues. Neu allerdings ist die Tatsache, dass es ohne diese Qualitäten weder privat noch beruflich Erfolg gibt. Mein Gespräch mit einer höchst erfahrenen Managerin bestätigt, dass es kaum mehr Führungspositionen zu vergeben gibt, die diese minimalen Anforderungen an das Sozialverhalten nicht stellen. Nur der Weg dahin ist politisch. Und der Ausbau des Territoriums, das Ausbauen des eigenen Wirkungsbereichs, das Herstellen von Hierarchie und entsprechender Markierung als Teil der Führung, das bleibt leider meistens ausgeklammert.

Wenn Frauen also alles mitbringen, was für das erfolgreiche Zukunftsmanagement nötig ist, dann sollte es ihnen möglich sein, sich mit dem nötigen politischen und weiblich-machiavellistischen Fingerspitzengefühl an die Schalthebel der Macht durchzukämpfen und dann – im großen Stil – Weibliches wahr werden zu lassen. Ich warte nur darauf, dass diese zitierte »weibliche Schöpferkraft« mit Intuition, Warmherzigkeit und bedingungsloser Liebe Einzug hält in der Chefetage und sich da auch breitmachen kann. Allein der Glaube fehlt mir. Es genügt mir schon, wenn solche Themen diskutiert werden, wenn Frauen in ihrem Anders-Sein nicht a priori lächerlich gemacht werden, wenn man ihnen einen Platz am Tisch anbietet und erklärt, warum Mann dies und das anders sieht und weiterhin daran festhalten will. Es genügt mir schon, wenn man die Frau am Tisch dazu einlädt, ernsthaft und etwas epischer als bisher darzustellen, was ihre weiblichen Standpunkte sind, warum sie dies und das anders sieht, entscheidet, überlegt, zögert und dann anders entscheidet. Was für sie ökologische, ethische und soziale Verantwortung im Unternehmen ist. Und dass dann – bei Gott – die Vorzüge einer solchen erweiterten Leadership beim Schopf gepackt und in die bestehende Kultur integriert wird. Selbstverständlich im Gleichschritt zur kritischen Größe von 30 bis 50 Prozent weiterer solcher »anderen« weiblichen Sichtweisen. Im Namen des Unternehmens.

Frau-Sein, die starke Formel für Wissen, Ahnen, Intuition, Empathie, für Sensibilität, Ästhetik, für Zuwendung und Geborgenheit, für soziale Verantwortung, das Mütterliche und Nährende, aber auch – das Empfangende. Diese jahrtausendealten unterdrückten, versteckten Aspekte des wahren Frau-Seins sind unser Thema. Sie können einen Bewusstseinsprozess für das eigene Leben, eigene Sinnmotive, für das Gleichgewicht der Frau inmitten männlicher, tradierter, starrer und von Vorurteilen geprägter Unternehmensrealitäten sein. Wenn Frauen beginnen, sich auf ihr Anders-Sein zu konzentrieren, können Frauenkarrieren sehr viel reicher, glücklicher und echter werden. Dies ist der Moment des Turnarounds. Zeit zum Umdenken.

Frauenregel Nr. 7: Zwei Waagschalen ausgleichen: Karriere/ Unabhängigkeit und Weiblichkeit/ Weisheit

Für Frauen in Führungspositionen müssen zwei Waagschalen immer wieder ins Gleichgewicht kommen. Die eine Waagschale ist jene, die nach außen wirkt. Es ist die Karriere, machtrelevante Funktionen, gesellschaftspolitische Einflussnahme und ein aktives, mutiges, rebellisches, zuweilen auch aufrührerisch anderes Einbringen in eine zuweilen recht pathologische Gesellschaft vieler Mittelmäßiger. Dies sind Frauen, die ihre Weltsicht ohne Wenn und Aber einbringen, weil sie die Welt von heute für morgen relevant gestalten wollen. Weil sie nicht länger zuschauen, wie ein mehrtausendjähriges Missmanagement den Planeten Erde gänzlich zerstört. Weil sie sich einsetzen für Menschenrechte genauso wie für die Rechte der Tiere dieses Planeten. Weil sie eine Stimme haben, die sie erheben wollen, wenn sie nützlich ist. Diese Karrieren sind nicht einfach nur Selbstbeweis. Nicht einfach nur Machtpolitik um derentwillen. Nicht einfach nur Spiel und Wettbewerb mit dem einzigen Ziel, zu gewinnen. Diese weiblichen Karrieren sind ganz anders unterlegt. Sie bauen auf ideologische und idealistische Werte, die mittels Macht realisierbarer sind als ohne. Die mittels Geld umsetzbarer sind als ohne. Die mittels Freiheit des Handelns effizienter sind als ohne. Weibliche Karriere definiert sich in der Regel in ideologischen Kontextualitäten und nur ganz, ganz selten als Karriere um der Karriere willen. Diese Beobachtungen mache ich seit 20 Jahren. Was wollen Frauen mittels ihrer Karriere der Welt, der Gesellschaft hinterlassen? Das ist eine der Hauptfragen im Zusammenhang mit weiblichen Karrierediskussionen. Bei Männern stellen sich ganz andere Fragen. Der männliche Fokus ist Karriere um der Karriere willen.

Die weibliche Karriere folgt dagegen vielen Sinnmotiven. Sie soll eben »Sinn machen« und etwas Gutes, Schönes, Edles zurücklassen. Würden dies mehr Unternehmensleitungen berücksichtigen, würden sie mehr und einfacher die Besten der Karrierefrauen auch für immens schwierige Projekte und Aufgaben gewinnen können.

Damit die eine Waagschale, eine weibliche Karriere, gelingt, braucht es aber auch die andere Waagschale. Es ist jene der weiblichen Turbinen der Urkraft, die ich in meinem früheren Buch »Frauenzeit« schon einmal beschrieben habe und auch hier besonders herausstreichen möchte.

Wie können wir auf unserem powervollen Weg immer wieder von Neuem zur ungezähmten Kraft kommen? Der Weg über Beauty Farmen, Fastenkuren und Meditationscamps ist einer. Es gibt aber noch einen Weg, der in uns selber schlummert. Der Weg führt uns in die Tiefen unserer Seele, dahin, wo unsere Ahninnen sitzen und das kollektive Wissen der Frau gespeichert ist: Das der Alten, Weisen und das der Göttin in uns selber. Diesen Weisheitsfundus kennt kein Mann und erst verhältnismäßig wenige Frauen haben den Weg dahin gefunden. Jede Frau hat Zugang zu dieser Ebene. Diese Frauen sind unzähmbare Gewinnerinnen, die in der Weite ihres Wissens und Fühlens Sterne greifen, die unfassbar hoch am Himmelszelt stehen.

In uns allen steckt einerseits die von Estés beschriebene »Wolfsfrau«, die Alte Weise, die in der Wüste und unter dem Meeresspiegel lebende Wissende. Sie ist die uralte Frau, welche die Brücke zwischen dem Rationalen und dem Mythischen, dem unfassbar Grenzenlosen in unserem Inneren bildet. Diese Ur-Frau, die wir manchmal ganz tief spüren, erreichen wir mit Poesie, Musik, beim Tanzen, in der Liebe und Sinnlichkeit, ganz besonders auch in der Erotik und in der Meditation. Viele Sagen, Märchen und Geschichten lassen sie in uns aufwachen und uns spüren, wie vital sie in uns schlummert. Estés hierzu: »Freilebende Wölfe und ungekünstelte Frauen haben vieles gemeinsam: die Akkuratheit ihres instinktiven Feingefühls, eine Vorliebe für alles Spielerische und eine schier unverrückbare Loyalität. Beide Gattungen sind von Natur aus beziehungsorientiert, sie schnüffeln gern neugierig herum, sie sind wissbegierig, spitzfindig, zäh, ausdauernd und seelenvoll. Was ihre Jungen, ihre Lebensgefährten und den Rest des Rudels angeht, so legen sie ein untrügliches intuitives Gespür an den Tag. Sie sind anpassungsfähig, standhaft, und in Krisensituationen beweisen beide Gattungen einen todesmutigen Heroismus.«

Andererseits steckt auch die tiefe, ursprüngliche Kraft der Göttin in uns. Heide Göttner-Abendroth war eine der ersten wissenschaftlich orientierten Matriarchatsforscherinnen, die sich ganz besonders mit den Kulten der matriarchalen Gesellschaft im spirituellen Bereich rund um die Göttin beschäftigt hat. Ergänzend zur Aussage von Estés, sucht sie den »Docking Point« auch in Musik, Tanz, Kunst und gemeinschaftsstiftenden Ritualen. Tanz versteht sich als Bindungsglied zwischen der Frau und ihrem göttlichen Ursprung, ist Ausdruck von Freude, als auch Mittel der Magie als Versuch der Kontingenzbewältigung. Göttner-Abendroth führt den Tanz zurück in die Zeit der matriarchalen Astralreligionen, beispielsweise der Mondkulte unserer Frühgeschichte und der hochentwickelten matriarchalen Gesellschaften der Geschichte (Indus-Kultur, Sumer, Altpersien, Altägypten, Kreta u.a.). Offenbar übertrug sich in der Weise des Tanzes die Kraft der Natur (Mondtänze) auf die Tanzenden über und der Tanz ging nicht selten in Erotik über. In diesen Kulturen suchten Frauen die magische Übereinstimmung von äußerem und inneren Kosmos mit sich selber und gaben dem ganzen eine bestimmte Ausdrucksform, die inzwischen auch in der Kunsttheorie ihren Niederschlag gefunden hat: Tanz, Musik, Gesang, poetische Trance und »praktische Künste« entstanden nach dieser Theorie aus dem Bestreben der Frauen heraus, seelische, gesellschaftliche und naturhafte Zusammenhänge herzustellen und »ganz«/heil zu bleiben.

Mit diesen rituellen Rückbindungen an unsere Urkraft gelingt es uns, auch in Stresszeiten, Zeiten der Verunsicherung und des Schmerzes teilzuhaben an unserer göttlichen Turbine. Mit anderen Worten: Durch

Meditation, Allein-Sein, künstlerisches Arbeiten, durch Tanzen, Singen, Schreiben und allem, was uns erweitert in unserem Bewusstsein und uns für Momente unsere irdische Daseinsform vergessen lässt, gelangen wir in die Zwischenwelten und brechen durch die Schranken des üblichen Bewusstseins-Zustandes. Gemäß Estés ist es »die Wissende« in uns, die den »bleichen Überresten der eigenen Wolfsnatur frische Kraft einhauchen kann.« Unser Umgang, unsere Kompromisse und Bescheidenheiten prägen unser Selbstbewusstsein, unsere Gesundheit, unsere Visionen, Träume und unseren Glauben an die selbstverantwortliche Gestaltung persönlichen Glücks. Wenn wir wachsen wollen, müssen wir Räume schaffen, damit das gelingt. Sie haben einen einzigen Raum zu Ihrer vollen Verfügung: Ihren Geist. Er trägt jederzeit über die momentanen Begrenzungen hinaus und streut über Ihre Sehnsucht, Idee, Ihren Traum, Ihre feste Vision, Ihren Glaubenssatz und Ihren Glauben an sich selbst die Samen, die sich im nächsten Moment materialisieren können. Seien Sie doch einfach ganz ver-rückt nach Neuem, neugierig wie ein Kind, herumschnüffelnd wie eine Wölfin und genießerisch wie ein weiblicher Epikur! Essen Sie, lieben Sie, tanzen und singen Sie, alles ohne schlechtes Gewissen, denn das sind Sie, von der Tiefe Ihrer Seele heraus. Werfen Sie die Eierschalen des gezähmten Mädchens ab und lassen Sie die wilde, weise und fordernde Träumerin und Wölfin los! Über »Freiheit als höchstes Gut des Menschen« wurde bislang vieles geschrieben. Dass es zwar viel braucht, um Freiheit – im Rahmen unserer irdischen Möglichkeiten – zu erlangen, noch viel mehr aber, um sie auszuhalten, ist eine weitere Tatsache. In zahlreichen Ideologien, Mythen und Märchen, aber auch bei der Betrachtung unserer historischen Entwicklungen, wird deutlich, dass sich der Mensch nach Zugehörigkeit sehnt, danach, sein subjektives Bewusstsein in der Einheit eines Kollektivums zu ertränken. Dieser Antagonismus von der Sehnsucht nach der weiten Welt in der Freiheit höchster Möglichkeiten und der tiefen Sehnsucht nach Dazugehörigkeit bestimmt ebenfalls unser Verhaltenssystem. Auch hier haben wir jeden Moment eine selbstverantwortliche Entscheidungsfreiheit für eine der beiden Polaritäten. Vollumfängliche Selbstverantwortung und Urheberinnentum beginnt mit einem klaren Commitment pro oder contra Freiheit und vollzieht sich in der Beharrlichkeit, den eingeschlagenen Weg – solange er als richtig erkannt bleibt – kontinuierlich und stark weiterzugehen. Wir müssen den Umgang mit viel Freiheit Schritt für Schritt lernen. Wenn wir unsere Angst davor nicht besiegen, so treten wir an Ort oder handeln so, wie es Eugen Drewermann anschaulich beschreibt: [Der Mensch...] ist dann so, wie Diogenes seine Mitbürger sah: verzweifelt im Endlichen aufgrund des Fehlens jedes Gedankens an eine unendliche ewige Bestimmung und Würde des eigenen Lebens, und bis ins Aussichtslose identifiziert mit Dingen, die er selber nicht ist.« Entdecken Sie die Tiefe Ihrer Seele und Bedürfnisse, gehen Sie weit in der Expedition und lassen Sie sich von sich selber nie erschrecken! In Ihnen schlummern Schätze von ungelebtem Leben, die – werden sie erst von Ihnen befreit – wahre Berge versetzen können![22]

Hier wird die zweite Waagschale zur weiblichen Karriere ganz stark mit historischen, matriarchalen, selbstbewussten und Authentizität stiftenden Motiven gefüllt – eine Waagschale, die Männer ganz einfach nicht haben.

Wenn Frauen im männlichen Umfeld ihre Karrieren wie oben beschrieben machen, schaffen sie den Spagat und bleiben in Verbindung mit sich selber und ihrer inneren Kraft. Dann schaffen sie es, auch nach vielen Jahren der Einpassung in ein männliches Umfeld immer wieder ihre weiblichen »Synapsen« zu finden und diese so zu verwenden, dass sie ihr Anders-Sein gewinnbringend für das Unternehmen, die Gesellschaft und die Welt – einbringen können.

Die zwei Waagschalen müssen immer wieder ins Gleichgewicht kommen. Sie müssen immer wieder ausbalanciert werden und sind damit auch ein Seismograf weiblicher Authentizität, die eine Frau auch in schwierigen Karrierezeiten trägt, schützt und erfolgreich bleiben lässt.

Wir leben in einem Zeitabschnitt neuer Energien und eines Bewusstseinswandels.
Dieser Bewusstseinswandel zeigt sich ganz oft in Themen von Weiblichkeit und der Frau der neuen Zeit. Mit der Kraft der Alchemie ist die Frau der neuen Zeit eine Heilerin, mit dem Auftrag sich selbst zu heilen und andere Frauen dabei zu unterstützen und die Weiblichkeit zu leben, dies nicht als Aktivität, sondern als Hingabe an den Fluss der unendlichen Freiheit. Dies verändert unser ganzes Sein und unsere Lebensqualität in den Themen von Beruf/Berufung, Beziehung, Partnerschaft, Sexualität.

Daniela Hutter

»Macht eine Frau on the top einen Unterschied?
Sicher, alles ist viel mehr auf Teamwork, Zusammenarbeit ausgerichtet. Weniger Einzelkämpfer ist das Motto. Der Sprachgebrauch – das beobachten wir immer wieder – wird auf ein höheres Niveau gebracht, was ein schöner Nebeneffekt ist. Der Umgang untereinander wurde besser. Auch bei Arbeitseinsätzen sehe ich, dass Frauen pflichtbewusster sind.«

Frauen müssen politisches Geschick entwickeln, um ihre Weiblichkeit bis ganz oben zu bewahren und sie dann voll einsetzen zu können. Die Kunst des Wettbewerbs und das Spiel mit Macht gehört zu den elementarsten Erfolgsinstrumenten, die gelernt werden wollen.

Der männliche Fokus ist Karriere um der Karriere willen. Der weibliche ist zusätzlich meist eine leidenschaftliche Sinn-Motivation für eine bessere Welt. Frauen wollen einen eigenen Beitrag leisten, und deshalb ist Karriere für sie auch immer eine Frage des Wo und Wie.

4. »Frauen müssen Männern den Umgang mit ihrem Anders-Sein näherbringen«

Männer haben weniger Probleme damit, Frauen als mächtige Chefinnen zu akzeptieren als Frauen sich selbst

»Eine Frau begegnet zweifellos
großen Schwierigkeiten auf ihrem Weg,
doch sie muss noch viel mehr überwinden.
Zuerst sollte keine Frau sagen:
›Ich bin aber nur eine Frau!‹

Aber eine Frau!
Was willst du mehr?«
Maria Mitchell

Ganz besonders Eindruck gemacht hat auf mich das Gespräch mit einem äußerst erfahrenen Human Resource Manager, der mir auf jede meiner Fragen seine realistische Einschätzung wiedergab.

Arthur S., der einige Frauen in mächtige Positionen aufsteigen sah, weiß genau, was ungeschriebene Dos and Don'ts sind. Und er sah Frauen auch wieder gehen. Meist jäh und mit lautem Getöse in den Medien. In fast allen Beispielen sieht er das Selbstbewusstsein als Maß aller Dinge, das den meisten Frauen fehle. Zu wenig in den allermeisten Fällen, zu viel in den übrigen. Das richtige Maß, die richtige Legierung von Selbst-Bewusstsein und der Fähigkeit, das Ego auch zugunsten von klaren und informellen Spielregeln im richtigen Moment zurückzunehmen, sich in den internen und öffentlichen Schaufenstern selbstbewusst und doch mit vornehmer Zurückhaltung, wo nötig, zu inszenieren, das eigene Team und seine Leistung visibel zu machen und dabei – wiederum mit dem stimmigen Maß – auch sich selbst zu zeigen, das sei eines der größten »Fails« weiblicher Karrieren.

Die Balance von Anders-Sein und So-Sein, von Anpassung und erklärtem femininem Widerstand – dies und mehr seien Erfolgsfaktoren für Frauen im männlichen Territorium.

Ich teile die Einschätzung meines Gesprächspartners, dass Frauen durch ein Vielfaches an Leistung und eine perfekte männliche Tarnung der Aufstieg in die Chefetage am besten gelingt. Dass sie dazu alle Register der politischen Machtspiele kennen und beherrschen müssen, ist folgerichtig. Wir rechnen, dass eine Frau etwa 2,5 Mal so viel wie ein Mann leisten muss, um den gleichen Aufstieg zu schaffen.[23] Wenn sie dann eine Machtposition erklommen hat, stellt sich die Frage, ob sie den Aufstieg unbeschadet in ihrer Weiblichkeit geschafft und noch den Kontakt zu ihrem Frau-Sein und ihren weiblichen Stärken hat. Denn nun folgt the Power of BEING WOMAN.

Ist eine Frau in einer Machtposition, hat sie nun die Möglichkeit, etwas zu ändern. Sie muss Neues einbringen. Als Frau. Als weibliche Stimme. Als ein Wesen mit einer völlig anderen Geschichte, einer anderen DNA, einer Sozialisation, die aus ihr im Verlauf der Jahrtausende das machte, was sie vom Mann unterscheidet.

Sie muss den Schutzmechanismus, den sie für den Aufstieg in einer männlichen Welt brauchte, abstreifen, muss ganz Frau sein. Denn dies ist nun ihr einziges und mächtigstes Werkzeug, um einen echten Mehrwert für das Unternehmen zu sein. Sie muss Neues und für einen Konzern wertvolle Einblicke in weibliche Sichtweisen, andere Fragestellungen, Lösungsansätze, strategische Überlegungen, taktische Manöver, soziale und ethische Anforderungen einbringen und diese in die zutiefst männlichen, stets ähnlich tickenden Unternehmenskulturen integrieren.

Es gibt verschiedene Untersuchungen, welche die tatsächlichen Unterschiede im Denken von Mann und Frau aufzeigen.[24] Diese Unterschiede werden gerade auch im Kontext von »Mehrwert-Diskussionen«, Frauen im Management, kontrovers diskutiert. Vielleicht helfen solche empirischen Ansätze, die allmählich langweiligen ideologischen Verbalkriege um die Frage, ob Frauen denn wirklich Neues in die Chefetagen einbringen, zu beenden und der Chance auf »Diversity« endlich Raum zu geben.

Der Unterschied im Denken beider Geschlechter öffnet Tür und Tor zu unterschiedlichen Denk- und Handlungsweisen in Unternehmen, die tatsächlich Innovation und Kreativität, Komplexität und Zukunftsmanagement vereinbaren wollen. Es sind nicht nur kulturelle Einflüsse, die den weiblich-männlichen Denkunterschied determinieren, sondern ganz offensichtlich ist es die Anatomie von Männer- und Frauengehirnen, die sehr viel relevanter ist. Und das ist tatsächlich die Antwort, die uns endlich geliefert wird.

Männer, so entnimmt man den Studien, sollen infolge ihrer Hirnarchitektur ihre Wahrnehmungen besser in koordinierte Handlungen umsetzen können.

Frauen hingegen – und dies ist zukunftsrelevant für unsere Unternehmen – verbinden analytische und intuitive Informationen miteinander wesentlich besser. Voilà! Das allein wäre schon eine gewinnbringende Ergänzung zu den geschlechtsspezifischen Stärken und würde die Heterogenitätsdebatte einmal mehr untermauern, die seit Längerem zirkelt und die besagt: Je heterogener Teams sind, desto effizienter arbeiten sie.

Doch es geht noch weiter: Die Untersuchungen haben ebenfalls ergeben, dass männliche Gehirne ganz offensichtlich für eine Kommunikation innerhalb der Hirnhälften optimiert sind. So besitzen zum Beispiel »einzelne Unterbereiche des Gehirns viele Verknüpfungen mit ihren direkten Nachbarbereichen«. Es gebe also mehr lokale Verbindungen mit kurzer Reichweite.

Bei Frauen hingegen fanden die Forscher eine größere Zahl längerer Nervenverbindungen vor allem zwischen den beiden Gehirnhälften. Nur im Kleinhirn sei es genau andersherum gewesen: Dort gebe es bei den Männern viele Verbindungen zwischen den Hemisphären, bei Frauen aber nur innerhalb der beiden Hemisphären. Die Unterschiede zwischen den Geschlechtern verstärkten sich im Laufe der Altersentwicklung, zeigte eine Untersuchung weiter.

Frauen und Männer sollen laut den Studien aber auch sonst ihre Gehirne unterschiedlich nutzen. Wissenschaftler hätten unter anderem bei der Bewertung von Gemälden durch Probanden festgestellt, dass Frauen für die Bewertung beide Hirnhälften, Männer nur eine benutzten. Und weiter ist nachzulesen, dass in einer früheren Verhaltensstudie festgestellt wurde, dass Frauen sich besser Wörter und Gesichter merken können, aufmerksamer sind und ein besseres soziales Erkenntnisvermögen haben als Männer. Letztere wiederum konnten räumliche Informationen besser verarbeiten und schnitten in der Bewegungskoordination besser ab. Die beobachteten Unterschiede in der Hirnverknüpfung deckten sich mit diesen Verhaltensweisen, schreiben die Forscher.[25]

Die Geschlechterunterschiede in der Vernetzung der Gehirnhälften dürfte denn auch den wesentlichen Unterschied im weiblichen und männlichen Denken und Handeln ausmachen. Wenn mehrere renommierte Wissenschaftler zu diesem Ergebnis kommen, kann der durchschnittliche Polemiker zum Thema Frauen-Mehrwert im Unternehmen nur noch nobel schweigen. Und damit können wir uns endgültig von den Diskussionen, »ob es so ist«, lösen[26] und uns dem »Wie fördern und fordern wir Frauen im Topmanagement?« widmen.

Frauen, die – und dies geschieht leider nicht selten – Fragen nach dem Anders-Führen oder Anders-Managen ALS FRAU genervt mit dem Hinweis beantworten, dass sie sich darüber nie Gedanken machten und einfach die Leistung in den Vordergrund und nicht etwa das Geschlecht stellten, verraten gewissermaßen ihr Frau-Sein. Sie befinden sich noch im Akt 1 und werden über kurz oder lang scheitern. Oder sie verraten ihre Strategie des Erfolgs nicht und machen mit dieser verzweifelten Schummelei leider eine schlechte Figur für Nachwuchsfrauen, die so dringend powervolle Vorbilder mit ihrem Commitment zum Frau-Sein bräuchten. Wenn Eva Adam spielt, wird sie damit kaum etwas Neues einbringen. Sie wird in den

Augen der Männer immer schlechter als der schlechteste Mann sein. Das schafft Aggression, Burn-out-Dispositionen und wenig Freude an der Macht, die ihr doch so viele Optionen für Kreatives und Innovation gäbe. Diese angepassten Frauen liefern die Storys, die wir gar nicht mehr lesen oder hören wollen: Dramen von Erfolgsfrauen, die alles unter einem totalen Einsatz von Leben in ihre Karriere eingeben und dann alles, einfach alles verlieren. Sie glauben daran, dass Leistung und Einsatz Garantien sind für Dauererfolg. Und vergessen sich selber dabei, ihre Partnerschaft, ihre Kinder, ihre Passion und das, was Erfolg auch tragen sollte: Lebensfreude, Lust an der Herausforderung, an einer weiblichen Realität des Erfolgs, der immer andere Vorzeichen hat, als der eines Mannes. Frauen denken und handeln holistischer, vernetzter, sind mit viel mehr Awareness ausgestattet. Wenn all das verloren geht, geht wohl auch ein Stück der Seele dieser Frau verloren. Was ist die Alternative?

Frauen im Topmanagement dürfen also, MÜSSEN sogar ANDERS, WEIBLICH denken, handeln, auftreten, sich kleiden, argumentieren, fragen, hinterfragen und führen, leben, reagieren, diskutieren, präsentieren, SEIN.

Frauen müssen sich immer wieder erklären

»Früher haben die Frauen auf ihrem
eigenen Boden gekämpft.
Da war jede Niederlage ein Sieg.
Heute kämpfen sie auf dem Boden der Männer.
Da ist jeder Sieg
eine Niederlage.«
Coco Chanel

Überall treffen wir auf Klimabeschwerden der Geschlechter, auf ver-
zögerte Integration von Diversity im Alltag und auf Missverständnisse zwischen weiblichen und männlichen Vertretern der Wirtschaft und Politik.

Territorialverhalten ist inzwischen auch für Frauen selbstverständlicher geworden, Anspruch auf Macht und Geld ebenfalls. Allein der Mann fordert unmissverständlicher seine Ansprüche ein,
die Frau lernt noch seine Sprache. Und diese hat einige Tücken.

Wenn Frauen und Männer Karriere machen wollen, kreuzen sich
die Klingen. Frauen fühlen sich nicht selten ausgegrenzt, von männlichen Spielregeln überfahren, reagieren empfindlicher und nicht
selten unversöhnlicher als Männer. Mangelndes Selbstvertrauen er-
schüttert manchmal die ganze Existenz, ist totalitär und kann die
Gefühlswelt der Frau ganz schön durcheinanderbringen.

Männer fühlen sich dagegen meist missverstanden und nicht selten von weiblichen Eindringlingen in ihre männlichen Kreise beob-
achtet und gestört; sie verstehen die Frauen nicht. Können sie nicht
lesen. Und die ganz schlechte Nachricht: Die wenigsten wollen
diese Sprache überhaupt lernen.

Der Mann gibt Goodwill und erwartet Anpassung. Dank und
Vertrauen. Das Einhalten seiner Spielregeln und zugleich weibliches
Verhalten. Seine Ansprüche sind in sich so widersprüchlich wie die

der Frau. Sie will Frau bleiben, muss Mann spielen, seine Spielregeln einhalten und gleichsam Neues als Frau einbringen. Au weia, welche Akrobatik doch von beiden Geschlechtern auf dem gemeinsamen Hochseil gefragt ist.

Der Boden ist gelegt für Macht- und Territorialkämpfe, unsanfte Reaktionen und missverständliche Harmoniestörungen. Bis heute verzeichnen wir ein Missmanagement von weiblichen und männlichen Fähigkeiten, basierend auf einem fundamentalen Grundirrtum: Denn es geht nicht um das »Miteinander« von Frauen und Männern, das fatalerweise auf Gleichmacherei hinausläuft und ein großes Konfliktpotenzial beinhaltet, sondern um ein *respektvolles Nebeneinander* von Frau und Mann, die vollkommen anders ticken: mit anderen Grundbedürfnissen, Reaktionen, Erwartungen, Fähigkeiten und sprachlichen Unterschieden, die sich sogar in der Konnotation von Wörtern schon bemerkbar machen. Es geht um ein ergebnisorientiertes Nebeneinander von zwei Geschlechtern, die durch die Zusammenlegung vollkommen anderer Stärken einen unternehmensrelevanten Mehrwert bieten. Das von mir schon in früheren Publikationen geforderte »Anders-sein-Dürfen« von Frau und Mann bedeutet ein immenses Kapital und ein neues Kapitel der Akzeptanz, ein Sich-gegenseitig-Fördern, eine neue Unternehmenskultur der gelebten Diversity, Spaß und Lust am Anders-Sein, Mut und Kreativität im »Unternehmen Leben und Arbeiten«.

Eine solche Leadership-Kultur basiert in der Praxis sogar auf der expliziten Betonung des Geschlechterunterschieds und lädt ein, dass Frauen und Männer einander immer wieder von Neuem ihre unterschiedlichen Wahrnehmungen, Sichtweisen, Interpretationen, ihre kognitiven und unternehmerischen Realitäten erklären und annehmen, ohne sie als Bedrohung der eigenen bekannten Normalität zu sehen. Dies braucht langfristig angelegte unternehmenskulturelle Maßnahmen, Zeit und Energie. Und hier muss wohl jede Frau von sich aus handeln. Sie muss aktiv werden und sich erklären, muss ihren Standpunkt als Frau deklarieren, soll, ja muss in die Polarität gehen und den Mut haben, sich in ihrer unterschiedlichen Weltsicht zu outen.

Ein wenig erinnert dies an die Arbeit einer Kulturarbeiterin mit einer schier endlosen Geduld und dem festen Glauben an ihren Erfolg. Dies habe ich früher einmal im Bild des Bambus beschrieb: *Ich werde eine Sprosse in die Erde legen und ganze vier Jahre lang täglich gießen, liebevoll pflegen und hüten müssen, ohne in 48 Monaten je etwas zu sehen. Dazu ist mein Vertrauen in das richtige Gedeihen meines Schützlings wichtig, denn ich pflege ihn täglich, ohne zu wissen, ob er lebt. Nach rund vier Jahren wird dieser Bambus erst aus der Erde schießen, um in nur 90 Tagen gegen 20 m zu wachsen.*[27]

Ich führe dieses Bild gerne an, weil es anschaulich zeigt, wie viel Liebe, Geduld und Glaube an den richtigen Lauf der Dinge vonnöten ist, um Kultur in seiner reinsten Form erblühen zu lassen.

Im Gespräch mit Arthur S. schälte sich immer stärker heraus, wie relevant es für eine Frau ist, sich in ihrem Anders-Sein zu zeigen. Sie muss dem Mann erklären, wie sich ihre Wahrnehmung und Kombinatorik von seiner Sicht der Welt unterscheidet. Irrtümlicherweise gehen Frauen und Männer davon aus, dass sie die Welt ähnlich sehen. Sie setzen voraus, dass sie verstanden werden. Sie glauben, dass ihre gleiche Sprache die gleichen Konnotationen habe. Glauben, dass ihr Hören der Botschaft ihres Gegenübers auch ein Verstehen bedeutet. Und sie verstricken sich in Missverständnisse, die das Miteinander beider in ihrem Anders-Sein erschwert oder verunmöglicht. Frauen müssen die Welt erklären, daran führt kein Weg vorbei. Frauen müssen intervenieren, wenn sie nicht gehört werden, wenn sie das Gefühl haben, unterminiert oder lächerlich gemacht zu werden. Wenn sie den Eindruck haben, dass ihre Aussage nicht rezipiert und ihr Statement als nichtig erklärt wird. Frauen müssen den Mut haben, proaktiv, aktiv und reaktiv zu agieren, zu vernetzen (was ja ihre Stärke ist), die Synapsen zwischen den männlichen und weiblichen Rezeptoren zu montieren, wo sonst nur leere Drähte aus den Köpfen hängen, und den gemeinsamen Nenner torpedieren.

Frauen neigen dazu, genervt, entmutigt und aggressiv oder depressiv den Rückzug anzutreten. Sie beginnen, als Fremdkörper in männlichen Kulturen entweder erst recht den Spielverderber zu geben oder aber den Spielplatz zu verlassen. Nicht souverän, sondern beleidigt oder zutiefst in ihrer Existenz und ihrem Selbstwertgefühl als Frau, als Managerin, als Mensch verletzt und nachhaltig beschädigt im eigenen Wohlgefühl. Hier müssen Frauen ganz zwingend wichtige Strategien dazulernen.

Keine Vermischung von Sach- und Beziehungsebene

Der kapitalste Fehler, den Frauen machen können, ist, kontroverse und harte Diskussionen um eigene Standpunkte oder um eine Sache auf die persönliche Ebene zu ziehen und die Ebenen zu vermischen. Wie oft kommt es vor, dass eine Managerin in kontroversen Diskussionen um einen Sachverhalt, kombiniert mit ihrem nicht intakten Selbstbewusstsein als »andere«, eben weibliche Vertreterin in einem männlichen Umfeld beginnt, harte Argumente auf der Sachebene auf die persönliche Ebene zu transferieren. Sie fängt dann an, harte Argumente als »gegen sich« gerichtet zu interpretieren und an sich zu zweifeln. Diese Vermischung zweier strikt zu trennenden Ebenen – eben der Sach- und der persönlichen Ebene – ist fatal. Man(n) verhindert argumentative Ringkämpfe mit einer Frau, weil er fürchtet, sie zu verletzen. Die Frau spürt dies und interpretiert es als »Nicht- dazugehören-Dürfen«, nicht zu genügen, wird sich selber als Außenseiterin stigmatisieren und sich als solche immer mehr bestätigt sehen.

Der Ausgang ist leider selten ein Happy End. Es sei denn, die Frau lernt vom Mann, dass man durchaus »hart in der Sache« und strikt getrennt von der eigenen Emotion kämpfen darf. Männer neigen ja dazu, permanent zu hierarchisieren, ihre eigene Position zu markieren, sich selber immer wieder machtmäßig zu bestätigen und dies primär mit dem Mittel, argumentativ zu fighten, polarisierend und oft provozierend zu deklarieren, wo sie in der Hierarchie stehen. Sie tun dies verbal, nonverbal, immer jedoch territorial. Ausnahmen bestätigen lediglich die Regel. Und genau deshalb müssen Frauen den Spaß am Wettbewerb und Sich-Messen finden. Tun sie es nicht, gehören sie nicht hierher.

Männer lieben das Spiel um Macht und Territorium. Wie ein Hai umzingeln sie ihre Beute, maßregeln Eindringlinge, mögen den Tanz um den Chumsicle, den Futterbrocken, den sie spielerisch, kämpferisch – und selten so todernst, wie es Frauen oft tun, sondern leicht und lässig – wollen.

Sie bekämpfen sich am Tag und trinken abends mit ihrem Rivalen des Tages gerne noch ein Bier. Dieses Bild verstehen Frauen kaum je. Sie werden mit der Rivalin des Tages kaum mehr ein Wort sprechen, nehmen es ihr übel und dies oft lebenslänglich, sie vermischen leider Sach- und Emotionsebene auf gänzlich weibliche und fatale Weise. Spiel ist Spiel. Sachebene und Spiel gehören zusammen. Wirkliches Leben und persönliche Ebene ebenfalls. Beides aber getrennt nach Einsatz. Das kann ein Mann besser als jede Frau. Erklärt die Frau ihm diesen Unterschied im Wettbewerbsverhalten im Unternehmen, hat er die Chance, sie zu verstehen.

Und wieder gilt: Frauen müssen sich erklären. Immer wieder. Und zwar so einfach wie möglich und ohne Stress. Ein Mann unter Stress arbeitet prioritär ab. Und dazu gehört Nachdenken über Frauen nicht. Das ist ihm viel zu anstrengend. Der fast übermenschliche Anspruch an ihn, nun bei Dauerüberbelastung auch noch Extrameilen mit einer Frau zu gehen, noch mehr Leadership zu bringen, liegt nicht drin. Er wird die Frau entweder provozieren oder stehen lassen. In einer Realität dauernder Reizüberflutung sind gereizte Reaktionen naheliegend. Die Frau wird dazu neigen, dies persönlich zu nehmen. Deswegen: wieder keine Vermischung von Sach- und Emotionsebene. Sondern erklären, was den Sachverhalt ausmacht.

Frauen müssen ihren Vorgesetzten sachorientiert führen. Ohne Angst, dass es auf die Beziehungsebene abfärbt.

Damit das geschieht, müssen männliche Führungskräfte der Frau auf der Beziehungsebene Sicherheit geben. Sie müssen mit ihr Konflikte auf der Sachebene lösen wollen, müssen sie zur eigenen Meinungsäußerung einladen, ihr Unterstützung geben, indem sie und ihre männlichen Kollegen zusammen die Frau aktiv stützen und ihr Selbstvertrauen stärken. Durch verbale, nonverbale und beziehungsstärkende Zeichen. Sie müssen die Frau ermutigen, auch unangenehm sein zu dürfen, mit ihnen in den Konflikt zu gehen, wenn es der Sache dient. Das ist letztlich inspirierende Leadership.

Konflikte ansprechen

Frauen müssen von sich aus gärende Konflikte und Missverständnisse thematisieren und sie – wie einst gelernt – gekonnt auf die Metaebene bringen, auf welcher ÜBER den Konflikt gesprochen wird. Auf der METAEBENE kann die Frau erklären, wie sie die Situation sieht und bewertet. Hier soll sie notfalls auch thematisieren, was sie beschäftigt (»Ich habe das Gefühl, ich werde hier nicht als Frau verstanden.«). Und sie soll die Männer lehren, mit den Augen einer Frau zu sehen, indem sie dies explizit anspricht. Gelingt es nicht in Sitzungen, gibt es bilaterale Nachgespräche mit Peers oder Vorgesetzten, die sich auf der Metaebene mit dem Phänomen auseinandersetzen müssen. Und diese Gespräche dürfen durchaus unangenehm und hart sein, da sie ja die Vermischung von Sach- und Beziehungsebene explizit verhindern.

ANDERS-SEIN zelebrieren

Und noch weiter ausgeholt: Es gehört – und diese Ansicht vertritt auch mein Gesprächspartner – ganz einfach zu einer universitären und unternehmensinternen Führungsschulung und Management-ausbildung, das ANDERS-SEIN von Frau und Mann, durchaus gestützt auf die zitierten empirischen Studien, zu lehren, zu nutzen und den Umgang damit zu schulen. Es ist das ABC der Leadership-Fähigkeit, das hier ganz übel und systematisch vergessen ging und nun nachzuholen ist, will man künftig mehr Frauen und zugkräftige Diversity in der Wirtschaft und auch in der Politik haben.

Denn Männer, leider, haben nur wenig Geduld und Fähigkeiten, weibliche Befindlichkeiten zu lesen. Schon gar nicht, wenn sie unter Stress stehen und keine Muße haben, sich noch zusätzlich mit Frauenkram zu belasten. So einfach ist das. Schon gar nicht bei einer Frau, die sie für fähig halten oder hielten, sich durchzusetzen und sich zu wehren. Das ist eine positive Ausgangslage.

Auf Quote setzen, aber nicht thematisieren

Und nun folgt noch eine Aussage von Arthur S., der ich mit dem Hintergrund meiner Erfahrung aus Überzeugung zustimme: »Man sollte auf Quote setzen, diese aber nicht thematisieren.«

Bei der Frage nämlich, wann sich der Fremdkörper »Frau« ohne diese aufwändigen und zermürbenden Eigendeklarationen zur Normalität entwickelt, wann sich Unternehmenskulturen wirklicher Fraulichkeit erfreuen werden, folgt die Antwort von uns beiden unisono: Diversity und Fraulichkeit im Unternehmen – dies geschieht wohl niemals freiwillig. Sie haben nur eine Chance durch eine Quote top down, das heißt durch ein Erreichen der kritischen Größe von geschätzten mindestens 30 Prozent Frauenvertretung, die zumindest als Must auf der Ebene Vorstand und Verwaltungsrat verordnet wird.

Ohne diese kritische Größe werden einzelne Frauen mehr oder minder nach dem Zufallsprinzip erhalten oder abgestoßen von einem für sie zermürbenden und energetisch extrem aufwändigen Dasein als weibliche Marginalie in einem männlichen Biotop mit eigenen ungeschriebenen Regeln und Politika. Es ist dies der einzige Weg zur Heterogenität, zum Nebeneinander und prosperierenden Miteinander von Weltenbürgern, die oft unterschiedlicher nicht sein könnten und latent oder akut im Modus des »Ich verstehe dich einfach nicht« stecken. Verstehen müssen ist hier eine prompte Option mit prompter Wirkung. Einzelne Länder machen es bereits vor.

Notabene: Wichtig hierbei ist auch immer wieder der Hinweis meiner männlichen Gesprächspartner, dass das Phänomen der Quote auch Männern klar sei. Dass es ohne Quote gar nicht gehe. Dass aber Frauen auf Karriereschienen dieses »Un-Thema« besser nie ansprechen sollten, sondern dass sie ganz natürlich für sich knallhart und glasklar Karriere einfordern sollen. Dass sie aussprechen, was sie wollen und was nicht, was sie tun oder lassen. Dass sie ohne Umschweife ihre Ziele nennen. Und, sollte es zu Unklarheiten kommen, dass sie auf direktem Weg klären, was zu klären ist. Möglichst tatkräftig und ohne Ressentiments. Ganz einfach so, wie Männer eben gestrickt seien. Und so effizient, dass das berühmte Bier am Feierabend ohne unterschwellige Beziehungsstörungen möglich sei. Der einfach gestrickte Mann möge keine Auguren-Weiterbildung. Es sei schon gut, einfach zu bleiben. Das müssten die Frauen wissen, diese komplexen und schwer lesbaren Wesen, die so viel mehr nachdenken und sich einfühlen, dass es für den Mann schon wieder zur Hypotheke werde.

So einfach ist das.

Wenn gar nichts mehr geht, dann heißt es: Mut zu einem Relaunch

Wir nennen sie Merit L. Ihr Lebenslauf ist eindrücklich. Zwei akademische Abschlüsse, internationale Stationen in Europa, Asien und den USA, knapp Mitte dreißig. Familienstand: ledig. Aktuell tätig als Mitglied des Executive Boards eines internationalen Konzerns.

Merit L. steht in der Tür. Ich kenne sie von einem professionellen Bild aus den Medien. Attraktiv, groß, schlank, präsent. Eine Frau wie im Bilderbuch.

Wäre da nicht die Haut ihres Gesichts. Sie steht etwas verloren in unserem Empfangsbereich, setzt sich zögernd auf einen Stuhl und beginnt zu weinen. Ungekündigt ist sie. Diagnose: Burn-out. Seit einigen Wochen ist sie ruhig gestellt, erholt sich von einem gnadenlosen Jahrzehnt der berühmten 7/24-Einsatzleistung. Ihr Selbstwertgefühl liegt unter dem Tisch. Sie sei jetzt 100-prozentig krankgeschrieben. Ohne Partnerschaft, ohne wirkliche Freunde, ohne Familie in der Schweiz hält sie das Gefühl der Sinnlosigkeit fest im Griff. Sie hat unter psychologischer Supervision lernen müssen, Grenzen zu setzen. Kleine erste Schritte zeichnen sich ab. Die junge Managerin hat sich in ihrem Leistungswahn selber verloren. Ihr wurden die wichtigsten Zusatzprojekte aufgeladen, denn bei ihr waren sie in besten Händen. Dünnhäutiger sei sie geworden, mehr und mehr. Lichtempfindlichkeit und Konzentrationsstörungen machte sie wett mit noch mehr Einsatz. Lärmempfindlichkeit und Anfälle von Atemnot und Platzangst ließen sie allmählich ahnen, dass da etwas von ihr Besitz ergriffen hatte, was sie zu ersticken drohte; Hyperventilation, Schweißausbrüche in Sitzungen und zunehmend diese gnadenlosen Schlafstörungen, die sie fast umbrachten. Sie grenzte sich ab mit ihrer Gesichtshaut. Auffällig genug, um den stummen Fragen auszuweichen und noch mehr auf Distanz zur Umwelt zu gehen. Isolation. Endstation Schlafentzug. Abbruch der Übung. Kein weiteres Drama haben.

Merit L. ging zum Arzt. Der Anfang eines neuen Kapitels. Und dieses heißt: zurück zu sich selbst. Zurück zu den eigenen Bedürfnissen, Gefühlen, auch zu »unprofessionellen« Reaktionen, wie sie sagt. Was heißt das? »Nicht sofort Response, nicht immer erreichbar sein, die 80/20-Regel reanimieren, streng prioritär arbeiten, auch mal um 19.00 Uhr aus dem Office gehen [...] und schließlich auch mal ein freies Wochenende«, meint sie. Sie hat erkannt, in welchem Vakuum sie sich bisher befunden hat. Als hätte sie etwas Krankes zu verbergen. Männer waren gleich tabu wie allzu direkte Frauen. Beim Thema Männer sagt sie gleich: »Man kann mir das Herz brechen.« Viermal sei es bereits gebrochen worden, jetzt brauche sie Distanz.

Das sind Momente in meinen Beratungs- und Coachingsitzungen, die mir unter die Haut gehen.

Merit L. ist fremd. Fremd in einer Businesswelt, die viel zu tough und zu wettbewerbsorientiert ist, als es ihre Seele momentan erträgt. Nur wer voll im Saft steht, wer physisch, geistig und seelisch im Lot ist, kann Wettbewerb als etwas Spannendes und Spielerisches sehen und ihn so auch relativieren. Wer angeschlagen ist, wird totgebissen. Darwinismus pur. Und bei Frauen formiert sich zuerst auch noch ein mehr oder weniger schaulustiges Publikum, das an mittelalterliche Zeremonien der Hexenverbrennung erinnert. Merit L. ging vorher. Ließ sich krankschreiben, wird aber von ihrem Konzern indirekt immer wieder bedrängt. Man will sie zurück. Das Vakuum ist groß. Sie ist nicht ersetzbar von heute auf morgen. Ihre Loyalität zum Unternehmen zum jetzigen Zeitpunkt des Jahresabschlusses wird erwartet. Und so weiter. Mehr braucht man nicht zu sagen.

Wie einsam muss sie gewesen sein. Wie »zugedeckt« von Arbeit, dass sie ihren Schmerz nicht spürte. Dieser Zustand jetzt, so schmerzhaft er ist, rettet ihre Seele vor dem Niedergang. Ihren Körper vor dem vorzeitigen Zerfall. Sie wurde eine grenzenlose Frau; ein Opfer ihrer selbst, ihres Ehrgeizes und ihrer Talente. Dazu zählen auch ihre Sensibilität, die sie Menschen spüren lässt. Manchmal mehr, als ihr lieb ist. Hypersensibilität sei ein Phänomen, das thematisiert werden müsse, denn es treffe auf viele Frauen zu.

Ihr Biss, ihre Freude am Erfolg, die Lust zu reisen und die Welt zu entdecken, zu prägen, zu gestalten, unternehmerisch zu sein: Das und mehr ist der Anreiz dieser Jungmanagerin. Immer gewesen, heute noch. Doch damals wusste sie nichts vom Faktor 2,5. Sie maß sich an Männern und stellte fest, dass ihr – der Fremden – nichts geschenkt wurde – im Gegenteil. Wieder dieses Sich-beweisen-Müssen-Thema. Sie gab alles. Mit Haut und Haar. Und vergaß dabei sich selbst. Damit generierte sie eine Baustelle nach der anderen. Wer alles auf eine Karte setzt, verliert immer – früher oder später. Das hat sie gelernt. Und noch etwas:

Erstmals ist sie mit dem Gefühl der Wut konfrontiert worden. Zuerst gegen sich selbst, dann gegen ihren Arbeitgeber. Seit sie dieses Gefühl zulässt und sogar würdigt, geht es ihrer Gesichtshaut besser. Ihre innere Grenze ersetzt die äußere. Sie geht voran. Nach Monaten plant sie ihre Karriere neu. Und diesmal gehören auch erstmals Überlegungen zur Familienplanung dazu. Auch wenn ihr Herz wieder gebrochen würde – sie will der Liebe eine neue Chance geben. Sie hat in diesem intensiven Prozess gelernt, dass ihre Intuition auch ein Kompass ist. Dass sie diesem vertrauen kann. Dass sie es überleben wird, sollte ihr Herz erneut gebrochen werden. Dass Karriere niemals Geborgenheit gibt, niemals Liebe, niemals Wärme. Dass die Weisheit der Lebensführung immer auch heißt, eine Balance von Karriere und privatem Glück – wie immer das aussehen soll – zu konstruieren.

Und sie lächelt, zitiert Marilyn Monroe:

> *»Karriere ist etwas Herrliches,*
> *aber man kann sich nicht in einer*
> *kalten Nacht an ihr wärmen.«*

Merit L. steht für viele Frauen, die am Ende ihrer Kräfte sind. Reihenweise hochbegabte Frauen. Knapp unter der berüchtigten gläsernen Decke, im Sandwich zwischen Tritt von oben und Tritten von unten. Manchmal sitzen sie auch schon auf der Decke und geben ein gutes Bild ab. American Dreams come through. Ganz so, wie wir es aus unseren klischierten Lieblingsfilmen kennen. Doch in unserem Reality Theater fehlt es an Kraft, Energie, Lebensfreude und innerem Feuer, das nach Wettbewerb lechzt und sich messen will – an all dem, was Freude macht.

Während viele Männer bis zum Suizid oder unkontrollierbaren Suchtverhalten ihren oft beinahe autistischen Stolz bewahren und keine Hilfe annehmen, suchen Frauen professionelle Hilfestellung. Merit L. beanspruchte einen medizinischen, psychologischen und einen Management-Coaching-Support. Sie arbeitete auf drei Ebenen in leichter Abfolge an sich selbst. Und ist heute an einem völlig anderen Punkt ihrer Entwicklung.

Nach wenigen Monaten ist sie bewusster, selbst-bewusster, eigenwilliger und setzt Grenzen. Oft noch zu aggressiv, kaum noch zu wenig klar. Sie sucht zwar noch ihre Mitte, ihr Maß aller Dinge, doch sie hat die Leitplanken bereits fest im Griff. Das ist selbstverantwortlich. Und das ist der Lerneffekt, den Merit L. vielen Frauen weitergeben kann. Wenn zu viel des Guten ungesund wird, dann heißt es, stopp zu sagen. Boxenstopp. »Unsichtbar werden«, wir mir eine gute Kollegin sagte. Für einige Zeit verschwinden und zu sich selber kommen.

Wenn Dramen überhand nehmen und das eigene Leben zum Überlebenskampf wird, dann ist alles falsch gelaufen. Zeit für eine Reorganisation, vielleicht sogar eine Grundsanierung sämtlicher fundamentaler Pfeiler des Lebens. Und dann: Relaunch!

Das Leben und seine Spielregeln sind fließend. Wer bekanntlich festhält, lebt in der Vergangenheit, wer zu sehr plant, verpasst das Momentum, und wer sich selbst dabei vergisst, macht die gesamte Rechnung ohne die Wirtin. Das Maß aller Dinge ist das Hier, das

Jetzt und die Befindlichkeit des wichtigsten Menschen in einem Leben: sich selber.

Merit L. erzählt mir davon, dass ihr die psychologische Introspektion geholfen hat, um zu erkennen, dass ihr Übermaß an Leistungsbereitschaft mit einem frühkindlichen Gefühl des »Niemals-Genügens« zusammenhängt. Dass sie selber in jedem Moment der Unzulänglichkeit einen eklatanten Einbruch ihres Selbstwertes fühlte. Dass sie in der Spirale des Nicht-gut-genug-Seins immer schneller lief und – wie der Hamster im Rad – dabei sich selber aus der Bahn schleuderte.

Ich meine auch, dass dieses weit verbreitete Strickmuster weibliche Vorzeichen trägt und dass wir es verpasst haben, kleinen Mädchen beizubringen, dass Fehler zum Wichtigsten im Leben gehören! Denn sie verschaffen Einsichten, Erkenntnisse, Reifung und letztlich Erfolg.

Kleinen Mädchen fehlen Vorbilder. Vorbilder von starken, fehlerhaften, hochbegabten, wilden, den gesellschaftlichen Stereotypien entschlüpften Frauen, die einfach ihren Weg gehen und notfalls ein Schild tragen, auf dem steht: Ich bin Frau. Ich bin anders! Und ich bin und bleibe eine Fremde unter euch Männern. Wir beide dürfen uns kennenlernen und voneinander lernen.

Jede heute sichtbare Frau hat das Kapital, Geschichte zu schreiben. Eine Merit L. genauso wie eine Belinda R. Sie sind die Frauen der Gegenwart, die von Mut und neuer Realität zeugen. Sie sind sich dessen nur nicht bewusst. Sie werden den kleinen Mädchen von morgen Vorbild sein, ihnen Mut machen – wenn sie es überleben. Und sie werden das in der Gegenwart Gelernte tradieren. Damit das Rad der Erfahrungen weiblicher Realitäten und gesellschaftlicher Entwicklung nicht in jedem Jahrhundert neu erfunden oder diskutiert werden muss.

Und noch etwas: Es tut einfach gut, sich selbst für die eigenen Unzulänglichkeiten zu vergeben und zu lernen, mit sich selber liebevoll umzugehen. Der Spießrutenlauf mit sich selbst ist eine leidvolle Sache. Es ist ein uraltes Strickmuster weiblicher Irrungen und Wirrungen und endet immer schlecht.

Frauen, die mit sich selbst gnadenlos sind, sind es auch mit anderen. Mit ihnen will niemand zu tun haben. Sie schneiden in jeder Beziehung schlecht ab. Sie verletzen sich selber und andere, ohne es zu bemerken.

Merit L. hat die Kurve knapp geschafft. Sie war gerade dabei, sich ganz zu verlieren und mit sich auch die paar wenigen Menschen, die zu ihr hielten. Ihr Relaunch steht unter guten Sternen. Ihre Haut hat sich erholt. Ihre Seele auch.

Eine andere Frau, Mitglied des Managementteams, nennen wir sie Monika Z., steht in der Tür. Seit drei Wochen erkältet, fast keine Stimme, sie hat die Nase buchstäblich voll.

Mit eiserner Disziplin schleppt sie sich ohne Energie durch die gnadenlosen Tage. Läuft auf Notaggregat. Ihr Licht ist aus, die Augen glanzlos, die Nase läuft. Der Motor, die Nase, das Denken, alles läuft. Aber sie hat als junges Mädchen in der Ex-DDR gelernt, was niemals sein darf: Schwäche zeigen. Also heißt es, ohne Stimme weitersprechen, ohne Kraft weiterkämpfen, ohne Elan weiterziehen, auch wenn die Seele abhängt, den Kopf als Ersatzwaffe erst recht einsetzen und ohne zu klagen erst recht arbeiten. Monika Z. hat es weit gebracht. Sie ist eine der wenigen Frauen ihrer Branche, sie kennt die weltweit führenden Verbände, bewegt sich inmitten der politischen Machtzentren des Weltsports. Sie kennt die Spielregeln und weiß, was sich ihre Kunden wünschen. Was sie aber nicht weiß: Wie wenig es jetzt noch braucht, bis ihr Notaggregat aussteigt, bis sie ganz darniederliegt. Und zwar so brachial klar, dass es kein Wollen mehr gibt. Sie ist außerstande, die Auguren ihrer Seelenverfassung zu lesen und darin drei Buchstaben zu erkennen: S.O.S.! Sie hat – wie sie sagt – 12- bis 14-Stundentage. Manchmal arbeitet sie bis Mitternacht. Sie habe sich aber seit ihrer Erkältung verboten, ab

20 Uhr E-Mails zu lesen und zu beantworten, und sie arbeite nun keinen Sonntag mehr. Ihr Vorgesetzter, sagt sie ganz nebenbei, habe sich geweigert, ihre Projekte interimistisch zu betreuen, damit sie die Krankheit auskurieren könne. Er habe sie im Stich gelassen. Was sich nun abzeichnet, ist eine riesige Frustration, Missverständnisse und ein enormer Energieverschleiß. Monika Z. spürt, wie sie alleine dasteht. Selbst-verloren, im wahrsten Sinne des Wortes, kann sie nun nur noch etwas tun: zurückfinden zu sich selber. Sich selber wieder spüren und lernen, sich so ernst zu nehmen, sich so respektvoll zu behandeln und so liebevoll mit sich umzugehen, wie sie es (eigentlich!) von ihrer Umwelt fordert. Sie ist auf dem Pfad der Karriere gleich mehrfach unter die Lawine gekommen und ringt um Atem. Hier geht es einfach nur noch um das nackte Leben und – um jeden Funken Lebensfreude, der noch eingefangen werden kann, bevor alles erlischt.

Wenn ich solche Beispiele von gnadenlosen Frauen erlebe, bin ich betroffen. Es braucht dringend ein Umdenken.

Braucht es eine globale Mobilmachung für neue Karrieren? Ein Heer von Frauen, die dem Tross der ausgebrannten Karrieristinnen entsprungen sind, formieren eine Bewegung, die spannend ist. Und so lesen wir bei Köhler nach:

Lean in? Ist das nicht bloß die Marschmusik der globalen Mobilmachung von McKinsey und Co., mit der die Mitarbeiter der großen Konzerne 24/7 auf Trab gebracht werden? Die Kritik ließ denn auch nicht auf sich warten. Sandberg tue, was erfolgreiche Frauen gerne täten: den weniger erfolgreichen Geschlechtsgenossinnen die Schuld an ihrem Gehampel zwischen Schulaufgaben und Schalt-Konferenz in die Schuhe zu schieben, meint etwa die Politikprofessorin Anne-Marie Slaughter. In einem Artikel im »Atlantic Monthly« erläuterte die ehemalige Chefin des Planungsstabes von Hillary Clinton im State Department in Washington ihre Entscheidung, die Karriere im Weißen Haus mit Rücksicht auf ihre Teenager-Söhne an den Nagel zu hängen.

Der ganze »Yes you can«-Hype, schreibt die spät bekehrte Politikerin, sei eine feministische Lüge der Frauen ihrer Generation, die die Realität der streng durchregulierten amerikanischen Arbeitswelt vollkommen verkenne und den jungen Frauen übermenschliche Standards auferlege. Es sei höchste Zeit, mit dem »Mythos von der Vereinbarkeit« endlich aufzuräumen. Nicht die inneren Barrieren, sondern die äußeren Hürden und Hindernisse seien nach wie vor das Problem. Wie meinte doch Karl Valentin? »Es ist alles gesagt. Nur noch nicht von jedem.«

Doch siehe da: Es gibt Grund zur Hoffnung – und der kommt ausgerechnet aus der Harvard Business School. Wie wir der »New York Times« entnehmen, hat die für ihre Testosteron-gesättigte Atmosphäre berüchtigte Institution soeben ein zweijähriges Experiment abgeschlossen. Die Eliteuniversität ist dafür bekannt, dass die Zöglinge aus einflussreichen Finanzkreisen ihre Kommilitoninnen und das weibliche Lehrpersonal hemmungslos schikanieren. Aus Angst, sich unbeliebt zu machen (und ihre Chancen auf dem Dating-Markt zu vermasseln), melden die Frauen sich in den Kursen folglich kaum zu Wort; viele »fürchten um ihre Chance, einen Heiratskandidaten aus der Crème-de-la-Crème der Business-Welt« zu ergattern. Besonders Singlefrauen sähen sich der Alternative zwischen sozialem und akademischem Erfolg ausgesetzt.

Es brauchte, wen wundert's, eine Frau, um daran etwas zu ändern. Als 2010 mit Drew Gilpin Faust die erste weibliche Führungskraft an Harvards Spitze kam, ließ sie ein Curriculum ausarbeiten, das die stereotypen Verhaltensweisen bekämpfen sollte. Die Institution wollte »ein leuchtendes Beispiel für die Geschäftswelt« schaffen, indem sie nicht nur frauenfördernde Trainingsprogramme in den Unterricht integrierte, sondern auch das soziale Verhalten außerhalb des Campus, sprich die von misogynen Umgangsformen geprägten alkoholgeschwängerten Partys, zu kontrollieren begannen. Die »alpha males« in ihren Waldorf-Astoria-Penthouses fühlten sich prompt »back in kindergarten«.

Doch obschon der Widerstand nicht nur bei den jungen Herren be-

trächtlich war, scheint sich über die Dauer etwas geändert zu haben. Die Einschüchterungsversuche wurden seltener. Die Noten der Studentinnen verbesserten sich rasant. Zwar blieb der Anteil an weiblichen Lehrkräften weiterhin klein, doch wurden diese von den Studenten am Ende der Zeit sehr viel positiver bewertet. Und ein Wunder geschah: Bei den Top-fünf-Prozent der Abschlussklasse 2013, den sogenannten George F. Baker Scholars, schoss der Frauen-Anteil von vierzehn auf vierzig Prozent in die Höhe; ein Anstieg, den niemand so recht erklären konnte. Hatten die Professoren sich von Vorurteilen befreit? Waren die Studentinnen aufgrund des verbesserten Klimas erfolgreicher? Oder gaben die Fakultätsmitglieder den Frauen bessere Noten, weil sie um den erwünschten Ausgang des Experiments wussten? In einem waren sich jedenfalls alle einig: Je Gender-sensibler die Umgebung wurde, desto weniger glich sie der wirklichen Businesswelt.[28]

Burn, baby, burn oder: Schluss mit grenzenlosen Frauen

> *»Ich wünschte, ich hätte den Mut gehabt, mein Leben so zu leben, dass ich mir selbst treu gewesen wäre, statt ein Leben, wie es andere von mir erwarteten …«*[29]

Ich führe mit einer Journalistin ein Interview, die sich Gedanken über das veränderte Verhalten der Spitzenmanager macht.[30] Viele Fragen führen zu einem Gespräch, das im Moment nachbebt: Wie war das mit der Frage, ob und wie sich das Verhalten und Priorisieren der Topmanager in den vergangenen Jahren geändert hat. Warum sind so viele Männer sportbegeistert, was hat Sport im Spitzenmanagement für eine Bedeutung, wie es kommt, dass so viele

Manager Marathon laufen. Und schließlich die Frage, ob es da einen Unterschied zwischen Frauen und Männern gibt. Eindeutig verzeichne ich ein komplettes Verändern von Prioritäten und eigener Abgrenzung bei männlichen Führungskräften. Die eiserne Bereitschaft, in einem 7/24-Stunden-Leistungsrad, das immer rascher dreht, zu überleben und nach der offiziellen Pensionierung auch die dritte Karriere zu erleben, scheint ein männliches Überlebenspaket geschnürt zu haben. Der Mann macht Ausgleichssport, Sabbaticals nach amerikanischem Vorbild werden salonfähig und allmählich zum Must. Mehr und mehr ist es ein Zeichen fähiger Leadership, inmitten der Hektik »langsamer zu gehen«, die Verfügbarkeits-Synapsen vom Körper zu reißen und ganz einfach mal abzutauchen. Im Meer. Zu segeln. Zu joggen, Marathon-Vorbereitung zu betreiben. Zu reiten. Auf Abenteuerreise zu gehen. Kurzum: sich dem Überleben hinzugeben und zwar mit einer passionierten Hingabe an sich selber. Selbstregulierende männliche DNA, Zeitqualität für die eigene Familie, für Frau und Kinder, für manchmal ganz unspektakuläre Regenerationen in der Meditation, beim Fischen, was sogar in Fliegenfischen-Ferien mit Kumpels münden kann. Der Mann und Manager ist hier Frauen und Managerinnen ganze Überlebens-Welten voraus! Hier dürfen Frauen nun wirklich von Männern lernen. Rasch und unkompliziert. Denn Depressionen, Burn-out-Situationen, kranke Körper und Seelen, ein erschöpfter Geist und Lebensmüdigkeit können unmöglich der Preis weiblicher Karrieren bleiben. Erschöpfungsdepressionen, wie man die Unfähigkeit, sich selbst zu lieben und zu schützen, gerne auch nennt, sind mit starkem weiblichem Vorzeichen zu finden. Sie scheinen eine Nabelschnur zu bilden, die bis ins dunkle, düstere Mittelalter zurückreicht, in der sich Frauen auch schon verbrannt sahen. Millionenfach allerdings auf den fremdbestimmten Scheiterhaufen katholischer Irrläufer, die weibliche Intelligenz und Autonomie so ganz und gar nicht schätzten. Der Hexenhammer erschlug weibliche Emanzipation in Form eines Pogroms hässlichster Perversion, legte den Schleier des Schweigens darüber und staunt heute vielleicht nicht schlecht, wie sich Frauen – warum auch immer – selber verbrennen. Die Emanzipation hat eine fast 700-jährige Zerstörung jeglicher weiblichen Unangepasstheit abgelöst, indem sich Frauen heute aus falschem Ehrgeiz und ungezügelter Profilierungswut gleich selber auf den Scheiterhaufen des Verbrennens binden. Wenn dies nun der Preis war, ist er wahrlich heiß. Männer scheinen ein Regulativ eingebaut zu haben, das sie zur Räson bringt, wenn es ans Lebendige geht. Wenn Karriere Kraft verschlingt, die sie umbringt.

Blicken wir zurück auf die wenigen Fragmente, die uns die Frauengeschichte, diese vorsätzlich ausgeblendete Geschichte der wissenschaftlichen »His-Story«, übrig ließ. Wenig wissen wir über die Geschichte der Frau. Das Wenige, dem auch ich mich unter anderem in einigen Women's Studies an der State University in New York widmete, gibt einen brillanten Einblick in unser gestörtes Verhalten uns selber gegenüber. Seit wenigstens 2000 Jahren sind Frauen daran, den Apfel Evas zu vergessen. Wenn sie es taten, geschah stets dasselbe. Sie wurden, mittelalterlich geprägt, mit dem Maulkorb durch die Gassen gejagt, als Hexen deklariert und verbrannt, als Häretikerinnen verfolgt, verleugnet und gerichtet. Sie wurden verboten, des Teufels erklärt. Und seit Jahrtausenden scheinen sie alle Disziplinierungsversuche überlebt zu haben – und doch scheint mehr als eine tiefe, kollektiv fehlende Selbstliebe und fehlendes Selbstvertrauen die Frauen dieser westlichen Welt zu verbinden. Sie tun heute das, was früher unter Fremdgewalt erst möglich war. Sie verbrennen sich selber, sie fügen sich selber Schaden an Leib, Seele und Geist zu. Sie übersteigen jedes Maß an selbstverantwortlicher Grenzsetzung eigener Leistungsprimate und überfordern sich bis zum Kollaps. Sie arbeiten viel zu viel, an viel zu vielen Parallelprojekten, füllen viel zu viele Rollen parallel aus und jagen sich selber auf die Scheiterhaufen des Burn-outs. Was für eine seltsame Entwicklung.

Der einzige Weg: innehalten. Grenzen setzen. Atem holen. Nachdenken. Das heißt Liebe zu sich selber. Heißt Selbst-Verantwortung und muss von der Frau selbst ausgehen. Niemals wird ihr jemand von außen das schenken, was sie zuerst sich selbst schenken muss: LIEBE, Anerkennung, Stolz auf das Erreichte. Zufriedenheit, in sich ruhendes Glück. Selbst-Genügsamkeit. Erst dann gelingt alles andere.

Die Geschichte der Frau ist eine Geschichte des Krieges gegen die Intelligenz der Frau, gegen ihre Macht als Frau, als Gebärerin des Lebens, als Hinterfragerin machtgetriebener Dogmen und Normen männlicher Exzentriker. Gegen sie als Wisserin göttlicher Geheimnisse, als Auserwählte und Seherin prophetischer Introspektionen. Die Geschichte der Frau ist die der Machthaberin über Leben und Tod, und genau darum wurden Frauen pogromartig niedergemacht. Millionen und Abermillionen von Frauen wurden im Namen der Kirche als Hexen verbrannt. Sie wurden ertränkt, geviertelt, sie wurden bestialisch gefoltert und noch heute dürfen wir das Zeugnis dieses kollektiven Erbes weiblicher Weisheitszensuren in überaus eindrücklichen Hexenmuseen begutachten. Als ich in Toulouse an einer solch grausamen Stätte des Gedenkens solcher Frauen war, wurde mir übel. Ich sah mir über Stunden die Zeugnisse der Zeit an. Nach einem Rundgang in diesem Museum machte ich noch einen weiteren. Millionen von Opferfrauen und dazu der Anblick der Folterwerkzeuge: Maulkörbe für allzu gesprächige Frauen, Ersäufsteine für allzu gelehrte Frauen, drehbare Käfige für die öffentliche Erniedrigung von unangepassten Frauen auf dem Dorfplatz. Veritable Hinrichtungsstätten in allen großen Städten Europas für Frauen, welche die Ruhe der Machthaber störten und sich primär in politische und religiöse Machtspiele verstrickten. Diese Autodafés verraten absolut deutlich die noch heute vorhandene Angst der Frauen vor öffentlichem Sprechen, vor dominantem Auftreten, vor Nichtangepasst-Sein, vor dem Nicht-sich-selbst-

Sein. Die Geschichte der Frau prägt das Verhalten der Frauen heute meiner Meinung nach extensiv. Frauen müssen diese Geschichte kennen, sie durchleben, durchleiden, mitleiden, anschauen und sich ihr stellen, um sich von ihr zu lösen und auch hier sich selbst zu finden. Und ich will genau hier, an dieser Stelle, nochmals resümieren, was ich bereits einmal in aller Deutlichkeit schrieb und zwar in meinem Buch »Frauenzeit«. Die Geschichte der Frau muss hier einfach nochmals aufgerollt werden, um die Botschaften, die ich mit diesem Buch an Frauen weitergeben will, verständlich zu machen.

> *»Der weibliche Protest gegen männliche Definitionsmacht wird belächelt. Weibliche Forschungsansätze werden als ›unwissenschaftlich‹ deklariert.«*
> Gerda Weiler

Frauen sind dazu erzogen worden, sich anzupassen, einzupassen, zu schweigen. Die Geschichte zeigt eindrücklich, was Frauen drohte, wenn sie sich nicht unterordneten. Und dennoch zeugt die Geschichte von erstklassigen Forscherinnen, Erfinderinnen, Künstlerinnen, weiblichen Heldinnen und Weisen. Das Kapital unangepasster Frauen, die sich auch in ihren Forschungen und Arbeitsstilen zuerst einmal authentisch und oft anders als normativ verhalten, ist groß. Von der Führung bis zur Wissenschaft müssen sich Frauen die Freiräume nehmen und schaffen, um ihre eigenen Ansätze zu realisieren. Anders als »normal« zu sein. Denn diese Normalität ist kaum erstrebenswert.

Frauen sind beim Thema Angst vor Sanktionen bei Ungehorsam belasteter als wohl jeder durchschnittliche Mann. Diese Angst trägt ihre Wurzeln in der weiblichen Geschichte. Eindrücklich gezeigt am Beispiel Mittelalter. Hier haben starke, weise Frauen, die den Anstand der Dummheit verließen und sich heimlich auf eigenen Wegen von emanzipierten und weisen Männern in Latein und anderen Gelehrsamkeiten unterwiesen ließen, hautnah erlebt, was Ungehorsam mit sich brachte: Wir müssen heute davon ausgehen, dass bei einer mit heutigen Bevölkerungszahlen unvergleichlich tieferen Frauenzahl insgesamt zwischen neun und elf Millionen unbescheidene, ungehorsame und unangepasste widerspenstige Frauen auf dem Scheiterhaufen der katholischen Kirche gelandet sind.

Die erste wissenschaftlich nachweisbare Frauenbewegung unserer Geschichtsschreibung ist die sogenannte Beginen-Bewegung[31]. Die Beginen waren die ersten Frauen, die aufgrund des Männermangels infolge der Kreuzzüge und ihrer Opfer (später gehörten auch Kinder dazu!) und schließlich auch durch den Ausschluss aus den ordentlichen männlichen Ordenszweigen regelrecht gezwungen waren, Versorgerinnen von sich und ihren Kindern zu werden. Diese Witwenbewegung war eine Überlebensbewegung immer größer werdender Samungen, kleiner Gemeinschaften von Frauen, die sich mann-los und auf sich gestellt den Luxus nicht mehr leisten konnten, dumm, ungelehrt und abhängig zu bleiben, wenn sie denn überleben wollten.

Die Beginen stärkten sich gegenseitig, zogen gemeinsam umher, gründeten Schulen, waren im Sozialdienst tätig und begannen schrittweise, sich selber zu unterrichten. Doch damit nicht genug. Sie gründeten später ihre eigenen Zünfte mit eigenen Berufsständen, wurden immer stärker und erfuhren sich als bedeutungsvolle Ernährerinnen ihrer Familien. Die Kreuzzüge hatten ermöglicht, was bisher undenkbar war: Frauen, zünftige Frauen, alphabetisierten sich selbst, ließen sich unterweisen in Latein, wurden Gelehrte, Unternehmerinnen und Lebensunternehmerinnen.

Ein Stein des Anstoßes, in seiner Größe immer bedrohlicher werdend, repräsentierten die Beginen die Kraft weiblicher Gelehrsamkeit und Autonomie. Und darin wurden sie zum Inbegriff des ungehorsamen, unbescheidenen Weibes, das sich nicht scherte um Konventionen, weil es überleben musste.

Diese Frauen, mittlerweile auch erstarkt im Selbstbewusstsein, kannten nun keine Bescheidenheit. Sie waren nunmehr als Ärztinnen und Geburtenreguliererinnen unterwegs, gründeten Klöster, gaben dem Handwerk den organisierten goldenen Frauen-Boden und – hier wohl lief das Fass über – starteten ihre eigene feministische Theologie, die bei Gott keine Erfindung des 20. Jahrhunderts ist! Sie betrieben zahlreich, organisiert und widerspenstig ihre Bibelexegese, um herauszufinden, wie die Bibel auf frauliche Art auch gelesen werden kann, und diskutierten die weiblich-mütterlichen Anteile Gottes als Gebärerin des Lebens.

Diese Frauen waren als Partisaninnen ihrer Glaubensüberzeugung unterwegs. Sie waren so clever strukturiert, dass sie für die katholische Kirche zur unkontrollierbaren Macht wurden, die jederzeit da auftauchte, wo man sie nicht vermutete. Auf Eselsrücken bestiegen sie Hügel, um von ganz oben in der Gelehrtensprache Latein zu predigen. Und tauchten unter, so schnell, wie sie auftauchten.

Hier setzt das an Grausamkeit und Frauenverachtung seinesgleichen suchende Frauenpogrom unserer Zeitgeschichte erst richtig ein: Aus der »Begine« (noch von der allgemeinen Bedeutung eine »in besonderer Weise Gott suchende Seele«, wie etwa »Schwester« zu verstehen) wurde die »Hexe« – als »Zaunreiterin« zwischen den Welten (Patriarchat – Matriarchat).[32] Als Gespielin des Bösen, des Teufels, wurde die weise, gelehrte Beginen-Frau fortan gejagt, diszipliniert. Es ging um die Rückeroberung des weiblichen Gehorsams und der katholischen Macht. Über Wissen, Lehre, Exegese, Geld, Geburtenkontrolle und Gefügigmachung.

Dieses Hexenbild wanderte fortan zwischen lodernden Scheiterhaufen, hässlichsten Frauenverachtungen, Folterkammern und perversesten Folterinstrumenten im Namen der katholischen Kirche durch das heutige Europa und raffte alles dahin, was einen Rock trug und den geringsten Anschein der Unbescheidenheit machte.

Die Jagd auf weise, unbescheidene Frauen musste die Kirche schließlich nach vielen Jahrhunderten stoppen, weil mangels lebender Frauen die Nachwuchsfrage nicht mehr gewährleistet war! (…) Geboren war die weibliche Angst, die bis heute jede Frau kennt oder die sie zumindest streift: die Angst vor dem eigenen Erfolg, vor unlimitierter Autonomie, vor dem Allein- und Ausgestoßen-Sein, die Angst vor öffentlichem Sprechen, Auftreten, Sich-Exponieren, die Angst vor der eigenen (vielleicht anderen) Meinungsäußerung, vor der eigenen lauten Stimme, vor der grenzenlos erfolgreichen Frau, der großen Liebenden, Unternehmerin, Top-Direktorin, Lebenslustigen – kurz: die Angst vor der leibhaftigen Widerlegung weiblicher Stereotypien »normaler« und normierter Weiblichkeit, die sozialverträglich sei und für den »normalen« Mann attraktiv.

Frauen haben diese Jahrhunderte knapp überlebt. Sie sind da. Gestärkt, organisiert, geläutert, ernüchtert, mit dem Hunger nach Träumen, Glück und Leben, nach Unternehmertum, Karriere, Kühnheit und Erfolg im Schoße unserer Mütterlichkeit und unseres Ganz-anders-Seins als Männer.

Unsere Zeit ist weiser, erfahrener und organisierter. Keine Macht der säkularen Welt lässt unser Fleisch mehr brennen. Wir selber sind aufgefordert, die Wunden heilen zu lassen, den Hass auf die Vergangenheit, den Hass auf die Männer, die all dies in ihrer Verirrtheit und unter der Ägide eines männlichen Rachegott-Bildes taten.

An der Schwelle zum 3. Jahrtausend dürfen wir getrost dieses Erbe zurücklassen und uns all dem widmen, was wir in Zukunft wollen. Wir haben viel erlebt und viel gelernt. Wir können davon ausgehen, dass wir ein Frauenkollektiv-Erbe haben, das uns verbindet – weltweit, übergreifend, globalisierend.

»Nichts ist so beharrlich totgeschwiegen worden,
wie der Beitrag, den Frauen an die Geschichte
geleistet haben.«[33]

Rosalind Myles

Schluss mit dem mangelnden Selbstbewusstsein

Täglich bin ich in meinen Coaching-Gesprächen betroffen, wenn ich sehe, wie herausragende Frauen, intelligent, gebildet, powervoll und gutaussehend, an einem einzigen, aber überaus großen Stolperstein ausharren. An ihrem mangelnden Selbstbewusstsein. Es tut weh, zu erleben, wie viele wunderschöne Rosen nur an ihre Dornen denken und ihre gesamte strahlende Schönheit, ihren Stolz und ihre Würde unter den eigenen Wert stellen.[34]

Selbstbewusstsein – diese Zaubergabe, die jede Tür öffnet – erhalten wir nicht durch äußere Einflüsse oder durch andere Menschen. Wir allein sind ermächtigt, diese Urkraft unserer Seele zur Lebensqualität zu entwickeln. Wahres Selbstvertrauen finden wir nur in uns selber. Alles andere macht uns abhängig und schwach. Wenn es fehlt, müssen wir es selber suchen und kultivieren oder mit professioneller Hilfe entwickeln.

Bernard J. Baars, Neurowissenschaftler am Wright-Institute in Berkley, beschreibt in seinem Buch »Das Schauspiel des Denkens« unser menschliches Bewusstsein als privaten Schauplatz, auf dem sich unser Leben abspielt: *Für viele Menschen stellt es sich als zusammenhängende Erzählung dar, ein narratives Bezugssystem, in dem sich Kindheit, Erwachsenenalter und hohes Alter zu Teilen eines sinnvollen Geschehens zusammenfügen.* Barnes fasst seine Untersuchungsergebnisse über Bewusstsein und Wahr-Nehmung zusammen, indem er sechs Grundideen nennt, mit denen wir Realität herstellen:

Die Bühne, das helle Licht der Aufmerksamkeit, die Schauspieler und ihre Äußerungen, das Publikum, die Kontexte und der Regisseur.

Schauspieler im Scheinwerferlicht können sich mühen und sich produzieren, solange sie auf der Bühne weilen, wo der Regisseur sie vor einem Hintergrund agieren lässt, der von den Kontextoperatoren geschaffen wird. Der Scheinwerfer wählt die wichtigsten Ereignisse auf der Bühne aus. Anschließend werden sie an ein Publikum verteilt, das sich aus allen unbewussten Routinen und Wissensquellen zusammensetzt.[35]

Heute ist die Realität der Karrierefrau die Bühne und das Schaufenster männlicher Spielregeln und männlicher Kultur; das helle Licht der Aufmerksamkeit legt sie auf ihre Schwächen und ihr Ungenügen und vergisst ihre Stärken, ihre Visibilität, ihr Self-Marketing und smartes Lächeln angesichts männlicher Begutachtungen; die anderen Schauspieler werden a priori als besser und professioneller angesehen, das Publikum als Täter, die Kontexte des machtpolitischen und strategischen Agierens marginalisiert, und der Regisseur erscheint nicht selten wieder im Gewand des Täters, der sein Sondermodell Frau vor einem Hintergrund agieren lässt, das von eigenen weiblichen und mit dieser Bühne schwer kompatiblen Kontextoperatoren fehlgeleitet wird. Der Scheinwerfer trifft nicht auf jene andersartigen weiblichen Ereignisse auf der Bühne und beleuchtet nicht die stolze, weibliche, selbst-bewusst anderseiende weibliche Frau, sondern nicht selten eine wütende, emotionale, sich selbst zum Opfer degradierende, uncoole und existenziell verzweifelte Playerin, die im Kern schon missverstanden wird.

Klappe zu und nochmals bitte:

Die Karrierefrau lernt männliche Spielregeln und spielt auf weibliche Weise mit. Sie definiert ihren Kontext als Frau selber und erklärt ihn immer und immer wieder. Sie spricht andere proaktiv auf den Unterschied ihrer Empfindungen, Gedanken, Ideen, Lösungsansätze an, schafft Visibilität, stellt ihre Stärken als Frau bewusst ins Scheinwerferlicht. Sie spricht laut und deutlich, führt auch von unten, führt anders und ermutigt die anderen Schauspieler zu experimentellen »anderen« Spielszenen in allen Bereichen des Unternehmertums. Sie weiß, dass sie anders ist. Sie zelebriert ihr Anders-Sein. Sie ist stolz darauf, es bis hierher geschafft zu haben und klärt Missverständnisse und Konflikte baldmöglichst souverän, humorvoll und auf der Metaebene. Frauen, die auf diese Weise agieren, beherrschen die Bühne des Unternehmens. Sie genießen durchaus den roten Teppich, fahren mit der Limousine vor, wenn es der Anlass verlangt, sie schaffen es, sowohl bei einem der Firmenausflüge gekonnt mit Stirnlampen durch Höhlenlabyrinthe zu gehen und den Outdoor-Ausflug zu bestehen als auch in High Heels beim Firmenanlass ihr Frau-Sein zu zelebrieren und zu verzaubern. Facettenreich darf die Frau sein. Und dazu braucht sie Zeiten zum Nachdenken, zum Planen, zum Sich-Erholen, zum Schönsein und zum Schönhaben.

Frauen, die sich selber verbrennen in ihrem Übereifer, verbrennen ihren Erfolg. Sie werden nicht ernst genommen, weil sie zu versessen auf Erfolg sind, um noch glaubwürdige Mitspielerinnen im Spiel um Erfolg und Gewinn zu sein. Ihnen fehlt die Lockerheit des Spielens. Und das ist nun einmal männlich geprägt.

Frauen müssen ihre Prioritäten neu setzen und dabei rigoros delegieren lernen. Sie müssen sich mit der 80/20-Regel befreunden und den Auftritt auf der Bühne in allen Facetten möglicher Rollen kennen, trainieren und beherrschen. Das kann man lernen. Üben. Jeden einzelnen Tag.

Hier können sie sich mit männlichen Mitspielern zusammentun, die entweder das gleiche Thema haben oder es bereits beherrschen. Ein Buddy oder Mentor, ein Netzwerk mit anderen Frauen im Betrieb, Selbstdisziplin in der Selbstdisziplinierung und schließlich die Diversifizierung des eigenen Lebens in Privates, in zu Lernendes und in gezielt gewählte Oasen der Regeneration gehören dazu. Dies ermöglicht erst den Erfolg. Langfristig, stimmiger als bisher und vor allem auch lustvoller und Glück bringender.

Hier sind einige wenige Impulse und Übungen, die helfen, mit der Bühne, dem Scheinwerferlicht, den Kontextualitäten, der Rollendefinition und den Mitspielern, dem eigenen Stellenwert und der eigenen Wirkung zu experimentieren und dabei, konsequent, Nein zu sagen, Limiten zu setzen und sich selbst tägliche Auszeiten zu schenken:

- mit den Tätigkeiten, die man liebt, den Tag beginnen
- daran glauben, dass das Beste geschieht
- sich täglich maximal drei erreichbare Ziele setzen
- E-Mails und digitale Informationen zweimal täglich in konsequent eingehaltenen Zeitfenstern prioritär abarbeiten
- sich zweimal wöchentlich freie Abende schenken
- Wochenenden zumindest ab Samstagmittag freihalten, ohne Zugang zu E-Mails
- einmal wöchentlich ganz ohne digitale Geräte den Abend freihalten
- bewusst mindestens eine Stunde am Tag nichts tun. Nichts
- Dinge loslassen und wegräumen, auch materielle, die nur belasten
- Achtsamkeitstraining machen, aufmerksam sein
- in der Natur regenieren, Sport treiben, Fitness zelebrieren (ohne Leistungsmaxime)
- dem Erfolg anderer folgen und ihnen Beifall spenden
- mit Herz an jede Sache gehen, sonst lassen, delegieren
- eigene Bedürfnisse fühlen, ihnen Raum geben
- immer aus Integrität heraus agieren
- negative Gedanken bewusst ausklinken. Auf Positives fokussieren. Gedankenkontrolle üben, beherrschen
- Mitarbeitenden genau diese Spielregeln näher bringen, sie zu ihrem eigenen Führungsleitbild machen, leben
- Spaß haben wollen, suchen, zelebrieren, zusammen mit den Mitarbeitenden

- Neues ausprobieren, experimentieren, Leistung und Erfolg zur Spielwiese machen
- Das Leben ist ein Spiel. Dieses mit eigenen Spielregeln ausstaffieren und laufend ausbauen
- Gegen den tierischen Ernst des Managements angehen und auf der Metaebene Konflikte lösen als Fallstudien und zwar für alle Mitarbeitenden.

Dies sind nur einige spielerische, experimentelle und hoffentlich auch inspirierende Möglichkeiten, um sich aus der verflixten Burnout-Spirale herauszudrehen und Management als das, was es ist, zu leben: eine wundervolle Möglichkeit, sich selber weiterzuentwickeln, in allen Bereichen des Wirkens und Seins, diese Erkenntnisse in der Führung weiterzugeben, Menschen zu Höchstleistungen anzustiften und sie zu motivieren, dieses »Gemeinsam sind wir stark-Gefühl« zu erleben und zu genießen. Erfolg ist es wert. Es ist Genussmoment. Wenn der Grad der Entbehrungen und des Leidens jedoch vorher zu hoch waren, ist dieser nicht mehr möglich.

Es ist Zeit, dass Frauen Woman Power umsetzen. Denn, wie schrieb schon Tom Robbins: *Frauen leben statistisch länger als Männer, weil sie eigentlich gar nicht gelebt haben.*

Schritt 1: Die perfekte männliche Tarnung auf dem Weg nach oben ist die Basis: alle Register der politischen Machtspiele kennen und beherrschen, und dabei die eigene Weiblichkeit schützen und bewahren.

Schritt 2: Neues einbringen. Als Frau. Als weibliche Stimme. Als Wesen mit einer völlig anderen Historie, einer ganz anderen DNA, einer Sozialisation, die aus der Frau im Verlauf der Jahrtausende das machte, was sie vom Mann unterscheidet.
Das schafft den Mehrwert für das Unternehmen.

Schritt 3: Grenzen setzen, Prioritäten setzen, delegieren, Nein sagen. Erschöpfungsdepressionen sind immer häufiger bei Frauen im Management zu finden. Sie resultieren aus Grenzenlosigkeit, Selbstaufgabe und mangelnder Selbstliebe. »Brennende, ausbrennende Frauen« – ein Bild, das bis ins Mittelalter zurückreicht.

Schritt 4: Die 80/20-Regel, die Kunst des Self-Marketing, der Visibilität und des Networkings beherrschen.

Schritt 5: Zeit für Partnerschaft reservieren.

5.

» Es gibt eine Zeit für die Karriere und eine für die Liebe «

Warum Managerinnen
mehr Zeit investieren,
den richtigen Mitarbeiter zu
finden als den eigenen Mann

»Ich frage mich manchmal,
ob Männer und Frauen wirklich
zueinander passen.
Vielleicht sollten sie einfach
nebeneinander wohnen
und sich nur ab und zu besuchen.«
Katherine Hepburn (1907–2003),
amerikanische Schauspielerin

Hier die These: Eine Mehrzahl der Managerinnen hat entweder keinen Partner oder den komplett falschen Partner an ihrer Seite. Grund: Karrierefrauen verwenden viel mehr Zeit, Herz und Energie darauf, den richtigen neuen Mitarbeiter oder Vorgesetzten zu finden als den Buddy, Vertrauten, Freund und Partner.

Wie kann es sein, dass Heerscharen von Beziehungswünschen so selten Sender und Empfänger finden, die passen? Wie kann es sein, dass die schönsten Frauen an ihrer Seite keinen oder aber einen seltsam bizarren männlichen Zeitgenossen haben? Und dass umgekehrt die seltsamsten männlichen Exemplare die hübschesten Begleiterinnen finden, die auch dann noch bei ihnen bleiben, wenn sie kaum noch präsentierbar sind? Die Liebe macht es möglich, mögen die Optimistischen hier antworten. Das Mitleid, meinen die Pessimisten. Ich meine: Eine Vielzahl von Gründen macht die Mixtur mitunter unappetitlich und zu abenteuerlich, um Beständigkeit zu haben.

Im Folgenden ein Auszug aus einem Interview mit einer jungen Managerin, die gerade eine Beziehung beendet hat. Angelika N. ist traurig und gleichsam erleichtert, da sie die Langeweile des Alltags belastet hatte und sie nun ein neues Kapitel begonnen hat. Ihre Beziehung stammte aus der Studentenzeit, mangels Interesse und Zeit blieb Angelika N. in dieser Beziehung stecken, nun resümiert sie.

Was lernen Sie aus Ihrer gescheiterten Beziehung?

»Ich glaube, es ist wichtig, Frauen die Message mitzugeben, dass die Evaluation des eigenen Partners mindestens so viel Zeit beanspruchen darf wie die eines Mitarbeiters. Und es ist doppelt wichtig, sich immer wieder an die eigenen Bedürfnisse anzudocken und zu sehen, was diese machen. Ich habe im Verlauf der Jahre ganz einfach vergessen, dass ich eine Frau bin mit den Bedürfnissen einer Frau. Ich bin mir irgendwie abhanden gekommen und habe funktioniert wie ein super leistungsfähiger Computer mit Docking-Station. Wer immer nur im Kopf ist, kann Gefühl und Herz zwar nicht verlieren, aber den Anschluss dazu verpassen. Am Schluss habe ich nichts mehr genießen können, war dauergestresst, habe dies gefühlt, doch hatte ich keine Zeit und Muße, mich auch noch damit zu beschäftigen. Oft fiel ich abends einfach halb tot ins Bett und wollte nur noch schlafen. Immer stärker überfiel mich diese bleierne Schwere, nicht selten gepaart mit einer gewissen Ratlosigkeit. Tja…, hier hätte mir wohl ein Partner gutgetan, der mich in den Arm genommen hätte, statt mir eine weitere Ladung Probleme aus seinem Alltag aufzubürden.«

Frauen in einem sehr hohen Leistungsmodus brauchen viel Wärme, Fürsorge und Liebe. Oder wenigstens einen Mann an der Seite, der sie stoppt. Er muss ihre Lage erkennen, wer denn sonst? Die meisten Männer machen den Fehler, sich beleidigt zurückzuziehen oder alles auf sich selbst zu beziehen, nicht zu genügen. Eine komplexe Reaktion auf eine simple Ausgangslage. Und nicht besonders intelligent.

Welche Gefühle sind jetzt am stärksten?

»Momentan diese Erleichterung, auch ein wenig Leere; ein wenig fühle ich mich wie Cinderella in Nadelstreifen. Das kleine Mädchen, das in den Arm genommen werden möchte. Aber auch der Drang nach Freiheit.«

Es scheint ein Widerspruch zu sein, dass Managerinnen sich gerne schwache Schultern suchen, die dann einbrechen ...; gerade bei diesen Frauen sind jene Männer, Partner wichtig, die liebevoll Kontra geben und den Ausgleich herstellen, der abhanden gekommen ist. Das sind aber starke Männer mit solidem Ego, mit starker Schulter und fürsorglichem Charakter. In ihrem Zustand sind Managerinnen darauf angewiesen, dass ihr Partner für sie da ist und sie mit strenger Liebe führt – zurück zu der Frau, die er liebt und die er schätzt. Und hier entsteht wohl auch der Grundirrtum: Eine starke Karrierefrau braucht niemanden. Falsch.

Sie »braucht« keinen Mann, sondern wünscht sich einen Mann, und zwar einen, der den Kompass trägt und ihr den Weg ausleuchtet, sie dahin führt, wo sie ihren Akku laden kann, sich selbst angenommen fühlt. Sicherlich nicht jemanden, der sie mit Vorwürfen in die Ecke drängt, nicht genug Zeit für ihn zu haben. Der sein Leben wie eine Epiphyte auf dem ihren lebt, durch sie lebt, von ihr lebt, an ihr lebt, von ihren Ideen lebt. Es darf aber auch nicht jemand sein, der dominiert, bestimmt, aufoktroyiert, gängige Klischees vorlebt, alte Verhaltensmuster imitiert und sie damit endlos nervt.

Beide Männertypen können mit starken und autonomen Frauen nicht kompatibel sein. Es geht nicht. Sie haben solche Frauen schon verloren, bevor die Romanze überhaupt beginnen kann. Starke Frauen brauchen Buddys durch dick und dünn, die absolut loyal sind, im Bedarfsfall für sie da sind, die über eine gewisse Nähe verfügen und erreichbar sind. Die autonom und doch bindungsfähig, die zärtlich und stark, die männlich und empathisch und die wie ein Fels in der Brandung und doch weich wie Wasser sind.

Was ist im Zentrum an Gefühlen?

»Ich muss nicht kämpfen. Ich darf in mir eine Leichtigkeit haben. Schmetterlingskraft. Lachen, tanzen, reisen, Spontaneität und Freude.«

Ich bin berührt von dieser Aussage. Starke Frau ganz echt, ganz weich, ganz verletzlich und – ganz stark verletzt. Frauen in dieser Stärke ihrer Gefühle sind unglaublich ambivalent. Komplex und schwer verständlich, besonders für einen Mann, denke ich.

Wenn Frauen unter Karrierestrom stehen, ist alles dabei. Kopf, Herz, Seele, Körper; da ist kaum mehr Platz für einen Mann. Frauen verausgaben sich, ein gefährlicher Totaleinsatz ist die Norm. Abends sind sie oft so erschöpft, dass sie kaum noch Zeit für Muße haben. Für ein warmes Essen. Für gemütliche Gespräche und Einladungen, Anlässe, Freundestreffen.

Eine Frau unter Dauerstrom hat nur das Thema Karriere. Es ist ihr Herzstück und ihr Ein und Alles. In diesem dauerhaften Ausnahmezustand wird Partnerschaft zur Belastung. Denn hier will auch noch jemand etwas von ihr. Zeit, Worte, die für den Tag erschöpft sind, womöglich noch Empathie und geduldiges Zuhören, womöglich sogar noch einen Ratschlag. Sicher aber Zuwendung und Nähe.

Die ausgepowerte Frau gibt nach wie vor, oder sie geht. Und in vielen Fällen wird sie die Nerven verlieren und ihre Contenance; sie denkt laut, sie verbalisiert ihre Überforderung und – verletzt. Mit Worten. Sie verweigert sich, fühlt sich ausgenutzt und wird sich zurückziehen. Dass sie dabei in die Spirale des Einsamkeitsgefühls gerät, ist vorprogrammiert. Im schlechtesten Fall arbeitet sie dann bis noch tiefer in die Nacht hinein. Hoffentlich hat sie ihrem Partner vorher eine Gebrauchsanweisung gegeben, wie er ihr den Weg ausleuchtet – zurück zu ihm.

»Du hast Selbstbewusstsein und Einkommen,
bist Chefin deines eigenen Ladens,
reist um die ganze Welt
und kannst für dich selber sorgen.
Welcher Mann soll das mögen?«
Zitat einer Unternehmerin

Meine Interviewpartnerin Angelika N. ist eine Frau, die Träume hat, ein nur teilweise gelebtes Leben. Sie hat es verdient, mit einem ebenbürtigen Partner die Welt, den Rest ihres Lebens – das circa noch drei Dekaden dauern könnte – zu erkunden. Wird sie es tun? Wird sie eine radikale Heimkehr in ihr Herz wagen? Wird sie sich diesmal treuer sein als ihrem Partner, der vielleicht auch gar nicht so loyal war, wie es ihr schien.

Immer wieder treffe ich hochbegabte, talentierte und meist auch sehr herzliche Frauen wie Angelika N. Und alle sind sie mit einer Art von Nabelschnur miteinander verbunden; diese heißt Einsamkeit der Hochbegabten, der Hypersensiblen, der Intuition und Ratio gleichermaßen. Heißt Sehnsuchtspfad im Labyrinth eines Lebens, das in einem männlichen Regelwerk so wenige weibliche Spielplätze hat und noch weniger Sitzgelegenheiten für weibliche Kleidung. Die Antwort ist immer wieder dieselbe: Mut zum Anders-Sein. Mut, seinen eigenen Träumen und Bedürfnissen Raum zu geben, ihnen ganz bewusst den Vortritt zu lassen. Mut, den männlichen Spielplatz eigenmächtig abzutrennen und ganz simpel gestrickt zu erklären, welcher Teil ab sofort den weiblichen Spielplatz ausmacht. Die Lust an der Rebellion ist nie falsch, wenn sie denn Win-win-Situationen schafft und beiden Partnern ein Stück Lustgewinn verheißt.

Schmetterlingskraft ist Kreativität in der Führung, im Finden von Lösungen für Managementprobleme, ist Innovationskraft und Denken über den Tellerrand hinaus. Wo es einst hieß, dass sich Frauen an Bestehendes, an Männliches anzupassen hätten, da heißt es nun einfach: sein. Frau und Mann werden sich nie wirklich verstehen. Sie sprechen zwei Sprachen, stammen aus zwei verschiedenen Welten. Der größtmögliche Nenner ist die gemeinsame Spielwiese, konfliktarm voneinander zu lernen. Dies betrifft den privaten wie den geschäftlichen Spielraum.

Die weibliche und männliche DNA sind unterschiedlich; jede ist

historisch anders gewachsen, mit anderen Vorzeichen und Prioritäten. Bestenfalls können sie sich ergänzen im Führungsverhalten und
sämtlichen erfolgsrelevanten Managementpunkten. Wenn für beide
DNA quasi Frei-Räume geschaffen werden, dann kann Mehrwert generiert werden. Passt sich jedoch der eine Partner dem anderen an –
auch privat – führt dies nur zu einer Endzeitstimmung mit Dauerver-
stimmung, zumindest bei einem Partner, nach kurzer Zeit bei beiden.

Die mittlerweile gerne zitierten Studien, wonach der Heteroge-
nitätsfaktor auch den Effizienzfaktor steuert, belegen dies eindrücklich. Je heterogener Teams sind, desto kreativer und innovativer tragen sie zum Leistungsprimat bei.

Eine These in den Studien besagt, dass die weibliche DNA bei
der Wahl des potenziellen Versorgers eine materielle und hierarchische Positionierung vor jede Mündigkeit stellt und deshalb potente
Männer jeden Alters und Aussehens wählen lässt. Genau diese Männer fallen aus dem Beuteschema der Managerinnen. Sie wählen lieber Männer, die ihnen wenigstens ebenbürtig oder aber sicher nicht
übermächtig werden können. Emanzipation trifft Tradition. In einer eher traditionell gestalteten Gesellschaft wird also die Luft für
Managerinnen bezüglich Partnerwahl dünn. Hinzu kommt die
Tendenz, den Erstbesten zu wählen, was die Erfolgsaussicht auf ein
nachhaltiges Liebes- und Partnerschaftsglück vom durchschnittli-
chen Dauersockel reißt und dieses dramatisch verringert. Keine guten Nachrichten, und es bleibt die Frage, was tun?

So schreibt Roger Köppel, der streitbare Schweizer Verleger, pro-
vokativ in einem seiner Editorials brachial:

Männer müssen Frauen lieben, Frauen müssen Männer zivilisieren.
So lautet seit Jahrtausenden ungefähr die Arbeitsteilung zwischen den
Geschlechtern. Männer kämpfen offen im Wettbewerb, territorial her-
ausgefordert durch Rivalen, die ihren Platz erobern wollen. Frauen
wirken auf Umwegen, verschlungen durch den Einfluss, den sie auf
Männer ausüben.

*Berühmte Feldherren haben alles stehen- und liegenlassen, weil ih-
nen die Angebetete davonsegelte. Kriege sind entfesselt worden wegen
Frauen. Der Mann ist ein simpel gestricktes Tier. Er reagiert auf Pri-
märreize und knurrt und schlägt zurück, wenn man ihn angreift.
Frauen beherrschen die Kunst der indirekten Konfliktaustragung. Sie
spüren Konstellationen, die sie zu raffinierten Manövern verleiten.
Frauen empfinden die Wirklichkeit. Männer analysieren sie nur.*

*Frauen sind wie Königinnen. Sie steigen nicht selber in den Kampf.
Sie halten sich zurück. Sie regen an, sie inspirieren, verführen, intrigie-
ren, manchmal treiben sie an; teile und herrsche. Sie geben dem Mann
Befehle, manchmal dezent, manchmal weniger. Widerstand wird mit
Liebesentzug bestraft. Auf Dauer hält das kein Mann aus. Also gehorcht
er. Oder er flieht zu einer anderen Frau, die ihn subtiler beherrscht.*

*Das sind keine wertenden Aussagen, sondern nüchterne Beschrei-
bungen der Realität. Jedes Geschlecht hat seine Vor- und Nachteile.
Männer beeindrucken durch das, was sie oder was ihre Vorfahren erreicht haben. Frauen beeindrucken durch das, was sie sind. Schönheit
ist ihr Kapital, und die Natur ist nicht gerecht. Keine Kraft ist größer
als die Macht der weiblichen Schönheit. Diese Macht prallt mit voller
Wucht auf den Mann. Der schwach ist. Die Schwäche der Frau: ihre
Überempfindlichkeit. Sie nimmt das Leben zu persönlich.*

*Schwierig wird es, wenn die Frau nach vorne tritt. Männer ertragen
es schlecht, wenn Frauen frontal das Kommando übernehmen. Frauen
haben ebenfalls Mühe, andere Frauen in überlegenen Positionen zu sehen. Die Frau in der Führung weckt stärkere Gegenkräfte als der Mann
in gleicher Position. Das ist interessant, aber es ist so. Was man dem
Mann als der Funktion angemessenes Imponierverhalten zur Herstellung von Charisma durchgehen lässt, kristallisiert sich bei der Frau zum
Vorwurf, sie sei »kalt«, »unmenschlich«, eine »Lady aus Eisen« oder aus
Eis. Frauen, die in Politik oder Beruf eine Führungsrolle übernehmen,
zahlen einen höheren Preis als Männer. Darum werden Frauen selten
Chefs.*

Es folgt eine unangenehme Wahrheit. Wer sie nicht hören will, sollte nicht weiterlesen: Männer, die beruflich Karriere machen, werden sexuell attraktiver. Frauen, die im Beruf aufsteigen, werden sexuell weniger attraktiv. Das schreibt der Philosoph Peter Singer. Er hat recht. Wenn wir das Leben als Urtrieb zur Fortschreibung der DNA betrachten, dann erhalten alle menschlichen Handlungen erst in Bezug auf dieses Ziel ihren Sinn. Der Mann macht nicht Karriere, weil er will, sondern weil er muss, um eine Frau zu finden. Die Frau macht Karriere, weil sie will. Wer muss, strengt sich mehr an.

Die Frauen sind die unbestechliche Jury, vor welcher der Mann das Drama seiner Existenz aufführt. Seine Handlungen und seine Unterlassungen bleiben darauf abgezirkelt, die größtmögliche Zustimmung einer größtmöglichen Zahl von Frauen zu finden. Ohne dieses streng richtende Publikum fiele es dem Mann schwer, am Morgen aufzustehen. Zu kreativen Leistungen wäre er schon gar nicht in der Lage. Gäbe es die Frauen nicht, es gäbe weder Weltreiche noch kulturelle Meisterwerke. Ohne die Möglichkeit, die Frauen zu beeindrucken, wäre der Mann nie aus der Ur-Höhle gekrochen, in die er von Gott geworfen wurde.

Zwischen den Geschlechtern kann es nie Übereinstimmung und schon gar keine Harmonie geben. Das Missverständnis ist der Dauerzustand, der das Zusammenleben von Mann und Frau erst interessant und sinnvoll macht. Die Frau ist für den Mann das eigene Rätsel in Gestalt. Sie ist die ihm gestellte Aufgabe, die er niemals löst. Auf dem Weg seines Scheiterns, die Frau zu verstehen, erkennt er immerhin sich selbst. Diesen Prozess fortschreitender Erkenntnis, die nicht an ihr Ende kommt, aber eine Verfeinerung der Sitten bringt, nennen wir Zivilisation.

Genauso wenig, wie es im christlichen Sinn Erlösung auf Erden geben kann, gibt es harmonische Beziehungen zwischen Mann und Frau.[36]

So spricht ein Mann, der wohl in einigen seiner Provokationen nicht ganz falsch liegt. Jedenfalls habe ich diese Gedanken nach ersten Entrüstungen immerhin heute noch zur Hand.

Was lernen wir daraus? Frauen, die auf Partnersuche gehen, sollten dies systematisch tun. Mit kühlem Kopf und professionellem Blick sind erfolgsrelevante Charakteristika ihres künftigen Buddys zu evaluieren und schriftlich festzuhalten. Sodann stellt sich die Frage, welche Wege der Rekrutierung am effizientesten sind. Dies können unmöglich ein wöchentlicher Theaterbesuch, langweilige After-Work-Partys oder Partnerplattformen sein. Frauen sollten sich vielmehr mit Systematik und professionellem Blick ans Werk machen und sich dafür auch gebührende Zeitfenster reservieren, wohlweislich wissend, dass der Weg lange und beschwerlich sein könnte.

Ohne Wenn und Aber dürfen die zur Managerin kaum passenden Klischees der großen Liebe verabschiedet werden. Nur selten geschehen solche Matches, die dem blinden Huhn, das ein Korn findet, eher gerecht werden, als der klugen und selbstverantwortlichen Frau, die weiß, was ihr Herz braucht, die sucht, was ihr gut tut, die genügend Ausdauer hat und lieber einen Triathlon hinlegt, als vermehrt durch Scheidungen hindurchzugehen. Und dabei zu leiden.

Was tun? Der atemlosen Managerin rate ich zu Atempausen. Zur Wiederentdeckung eines Phänomens, das erfolgreiche Frauen langfristig niemals ganz aufgeben dürfen: die Fürsorge für sich selber.

Das Maß aller Dinge muss die Frau sich selber sein

>*»Es gibt eine Zeit für die Arbeit.*
>*Und es gibt eine Zeit für die Liebe.*
>*Mehr Zeit hat man nicht.«*
>Coco Chanel

Die Selbstfürsorge, so einfach es klingt, war bei den meisten Frauen, mit denen ich Gespräche führte, ganz einfach sang- und klanglos untergegangen. Frauen stellen sich tendenziell ganz hinten an, wenn es um ihre Selbstfürsorge geht. Selbstvergessen verlieren sie das gesunde Maß für sich selber. Äußerlich gepflegt, perfekt gestylt, adrett angezogen – wie es der Business-Knigge vormacht – fehlt ihnen das Wichtigste: Schlaf in ausgedehnten Runden statt Stress im Fitnessstudio, die heiße Mahlzeit am Mittag, der wohltuende Kurzschlaf am Mittag, die mindestens zwei Liter Wasser am Tag, weniger Kaffee und weitere Suchtmittel, die ganz einfach am eigenen Leben und an dessen Qualität zehren.

Das Maß aller Dinge muss die Frau sich selber sein. Erst dies macht es möglich, den Partner an ihrer Seite zu haben, der dies widerspiegelt, was sie sich selber schenkt. Beauty-and-Beast-Konstellationen mögen oft auch komplementär angelegte Spiegelbilder sein, die perfekt zeigen, was im eigenen Leben noch nicht perfekt ist. Fürsorge und Frau-Sein beginnt bei der Frau. Wie oft erlebe ich Frauen am Rande des Nervenzusammenbruchs, die ganze Nächte durcharbeiten und ihre Dauerbereitschaft als 24-Stundenfrau schon tendenziell masochistisch feiern. Je müder, je besser. Je erschöpfter, desto fühlbarer. Burn-outs sind leider zu salonfähig, um sie gezielt zu verhindern. Der richtige Partner kann nur gefunden werden, wenn die Fürsorge bei sich selber stimmt. So einfach ist das.

Zur Einsamkeit vieler Karrierefrauen gibt es unzählige Publikationen. Sie suggerieren eine weibliche Einseitigkeit im Singledasein und vergessen dabei, wie einsam auch die häufigere Zweisamkeit von Karrieremännern ist, die in einem Kokon von Hierarchiespitze gut abgeschirmt gegen den Rest der Welt oft noch viel einsamer sind, nicht selten verzweifelt einsam und die Synapsen zum ganz normalen Alltag »da unten« kaum mehr finden, nicht selten auch deshalb, weil die Belastungen zu groß, die Zeit zu knapp und die Energie zu klein dazu ist. Die Ehefrauen im alten Modell des »Zuhause-Seins« sind entfremdet, Kinder oft auch. Doch immerhin ist der infrastrukturelle Back-up organisiert und der entlastet für die Aufgaben im Geschäft, und zwar existenziell. Dies muss hier einfach erwähnt werden, um kein falsches Bild zu zeichnen. Zweisamkeit heißt nicht immer Nicht-Einsamkeit und diese kann, wenn sie gekonnt gelebt wird, durchaus virtuose Züge haben unter dem Label »Umgang mit Freiheit«. Doch lesen wir dazu einen Auszug aus dem Leitartikel von Michael Stürmer zum Thema »Warum so viele Karrierefrauen keinen Partner finden«:

Es gibt keine Frau von 40 Jahren« – der viel gelesene, doch bei der königlichen Zensurbehörde ob seines Witzes schlecht angesehene Journalist Louis-Sébastien Mercier schrieb solches anno 1780 in seinem »Tableau de Paris«. Er beobachtete, was bis heute nicht an Geltung verloren hat: Der 39. Geburtstag wird, gegen allen Zahlenzwang, mehrfach gefeiert, bis eines Tages eine würdige Matrone ihre Freundinnen zum 70. einlädt.

Heute ist alles anders, außer der biologischen Uhr. Noch immer möchten die Menschen, Frauen mehr als Männer, die Uhr anhalten. Doch die Zeit bleibt davon nicht stehen. Die Optionen werden enger, die Frage der Identität heischt Antwort. Man muss sich entscheiden zwischen spätem Familienglück oder weiterem Aufstieg in die Gipfelregionen des Managements – beides bleibt eine Rechnung, mit Unsicherheiten behaftet, die nur selten aufgeht. Das Familienglück ist nicht garantiert, die Scheidungsquote beängstigend, doch auch die Karriere gibt es nicht ohne ihren Preis. Das Familienglück aber erfordert den Partner, mit oder ohne Trauschein, und das wird mit zunehmendem Alter, wachsender Unabhängigkeit und Lust an Selbstbestimmung nicht leichter. Souveränität aufzugeben will lange bedacht sein – manchmal zu lange. Wenn man aber erst einmal ein paar Jahre lang niemanden um Rat zu fragen hatte, dann wird solches zur selbstverständlichen Gewohnheit.

Die Löwin wird einsam, weil es an Löwen fehlt, speziell solchen, die im Multitasking auch als Kuscheltier verwendbar sind und die es mit ihresgleichen aufzunehmen wissen.

Die modernen Männer, zumeist gelernte Softies, sind zwar in der Küche nützlich, fühlen sich aber überfordert, wenn es darum geht, eine Schulter zum verstohlenen Ausweinen zu bieten. Moderne Machos aber sind erst recht ein Auslaufmodell, ungeeignet als Frauenflüsterer. Die Karrierefrau verschreckt die meisten Männer schon durch ihre Existenz. Freiheit hat ihren Preis. Erste emotionale Gefühlsauszehrung setzt ein, Freundinnen und Schwestern, die Kinder in die Welt setzen, provozieren Zweifel und Selbstzweifel. Man soll mit dem Begriff des Tragischen behutsam umgehen. Doch die Tragik der Sache liegt darin, dass der Weg zur Spitze steil ist und, je höher er geht, einsam macht, während doch das Leben mit der Familie entgegengesetzte Eigenschaften erfordert: Zuwendung, Geduld, Selbstbescheidung – übrigens auch im Punkt der Bezahlung. Es sind speziell die Erfolgstypen unter den jungen Frauen, weniger die Männer ihrer Altersgruppe, denen Unmögliches abverlangt wird.

Amerika erlaubt wieder einmal, ein Fenster auf die Zukunft zu öffnen. Das Pew Research Center, Amerikas Allensbach, hat die moderne Frau als Täter und Opfer in einem langfristigen Rollenwechsel ausgemacht. In der Generation zwischen 30 und 44 haben erstmals mehr Frauen als Männer College-Erziehung. (…) Die Konsequenz: Männer müssen sich auf Frauen einstellen, die besser gebildet und höher bezahlt sind als sie selbst. Das Umgekehrte gilt für Frauen. Seit den 1970er-Jahren ist das Einkommen von Frauen schneller gestiegen als das von Männern, und die jüngste Rezession hat mehr Männern als Frauen in Amerika den Job gekostet.

Männer sind die Verlierer. Aber Frauen auch. Das Pew Team zitiert eine 35-jährige Hochschulabsolventin mit den Worten: »Gleich aus welcher ethnischen Gruppe, Männer finden es immer ein bisschen beängstigend, intelligenten Frauen zu begegnen. Geld spielt eine Rolle. Für mich aber geht es vor allem um Kompatibilität. Die Frage lautet: Kannst du mit mir wachsen? Oder, wie eine Freundin von mir fragt, wenn sie zum ersten Mal mit einem Mann eine Verabredung hat: Haben Sie einen Reisepass oder eine Bibliothekskarte?« *Männer, so die Erfahrung vieler Frauen, scheuen die Anstrengung mit einer weltgewandten Frau. (…) Was ironisch klingt, verbirgt viel Schicksal.*[37]

Dies ist eine wunderschöne Zusammenfassung weiterer Facetten, die für die Partnerwahl bedacht werden müssen. Das Bild der Löwin, die den Löwen sucht. Einen Mann, der auch als Partner mit Gefühlstiefe dient. Der sie versteht, ihre Sprache übersetzt, den ihre Stärke und Autonomie fasziniert, der ihrer Macht und Intelligenz die seine entgegensetzt, der nicht rivalisiert, sondern seine Stärken in die ihren integriert und – sowohl über einen Reisepass wie eine Bibliothekskarte verfügt. Solche Männer sind selten. Doch es gibt sie. Sie müssen mit System evaluiert und geprüft werden, bevor sich Frau bindet. Glück in der Gipfelregion des Managements baut besser auf zwei denn auf eine Schulter. Alles andere ist ein Klumpenrisiko. Denn zerbricht die weibliche Karriere, zerbrechen ganze Leben. Da ist nichts mehr, was auffängt. Kein Partner, keine Kinder, kaum Hobbys, wenige Freunde, kein Selbstvertrauen, zerplatzte Träume und unendliche Verletzungen. Kluge Karrierefrauen planen kluge Optionen mit und ohne Partner oder Kinder – aber niemals ohne Back-ups.

Und schließlich noch ganz wichtig: Frauen, die hervorragend ausgebildet und auf dem Weg der Karriere sind, finden kaum noch Zeit, einen solchen Partner zu suchen. Sie fokussieren zu einseitig auf Karriere, nehmen Rücksicht und verzichten auf Liebeserfahrungen wegen ihrer Karriere, sie pflegen wegen ihrer Karriere bestehende Beziehungen zu wenig und machen hier die gleichen Fehler wie männliche Pendants: Sie sind, bleiben oder werden Single, weil sie die Balance von Karriere und Beziehungsglück mit einem Partner nicht im Griff haben. Der Unterschied zum Mann: Er wird sofort eine neue Partnerin suchen und hat vielleicht sogar das Glück, dass die alte Partnerin bleibt oder zurückkommt, weil er mit völlig anderen Augen von ihr gesehen wird als umgekehrt: Er ist dank seiner Karriere attraktiv. Sie bestenfalls – trotz ihrer Karriere.

Eine Frau wird deshalb wesentlich umfassender und engmaschiger auf Partnersuche gehen müssen, nach dem Motto: lieber zu früh damit beginnen als zu spät. Zumal im Falle eines Kinderwunsches die biologische Uhr auch noch im Ohr tickt.

Der Umgang mit dem Ende einer Liebe

Jene Frauen, die sich in einer Beziehung befinden, die sie unglücklich macht, die ihre Kraftreserven aufbraucht, die den Geruch des Endes hat, die nur mit Müh und Not noch aufrechterhalten wird – machen eine Reife-Erfahrung, die ich schon in meinen früheren Büchern als eine der wesentlichsten im Leben einer Frau (und vielleicht auch eines Mannes) bezeichnete. Trennungen, Scheidungen – sie alle verursachen Leid. Leid ist Schmerz, Grenzerfahrung, wirft zurück auf wesentliche Fragen der eigenen Existenz. Leid beim Verlust des Partners verursacht Verletzungen, die alle alten Wunden von der Kindheit bis heute aufreißen können. Nicht selten verarbeiten dies Frauen anders als Männer. Während Letztere zu arbeitsfanatischen Workaholics werden, setzen sich Frauen tendenziell intensiver und mutiger damit auseinander. Sie stellen sich den Gefühlen, lassen sich von ihnen in Wellentäler tragen, in Tränenozeane und verzweifelte Zeiten des totalen Zweifelns an allem. Sie kaschieren und verdrängen wohl weniger, als dies Männer tun. Dies mag auch im Geschäftsleben spürbarer sein, in der Tat. Doch der Phönix, der nach überstandener Trauer und Depression aus der Asche steigt, ist ein starker, ein weiser, ein geläuterter mit klarerem Blick für das Wesentliche des Lebens. Diese Frauen legen zu, an Weiblichkeit. An Autonomie. An Selbst-Bewusstsein. Nicht selten auch deshalb, weil ihnen Meditation, Yoga und weitere extensivere Instrumente bei der Verarbeitung solcher Verletzungen helfen. Wachstum ist alles. Und im Wachstum finden Frauen zu ihrem inneren Kern, ihrer Geschichte, ihrer Kraft. Hier ist »Leadership« weiblich. Echt und in sich ruhend. Frauen – und Männer – die sich tiefen, existenziellen

Schmerzerfahrungen widmen, sie durchleben, bewusst und mutig, finden darin Momente der Ein-Sichten in die tieferen Lebenszusammenhänge, von denen schon Goethes Faust sprach. Introspektionen in das, was die »Welt im Innersten zusammenhält«, werden im mutigen Ja sagen zum Du und in der damit verbundenen Verletzbarkeit erst möglich. Ich und Du – Martin Bubers Standardwerk – ist die Verbindung, die Nabelschnur zum ewig Seienden in der Liebe. Wird Liebe verletzt, entsteht die Wunde, die durchlässig macht für deren Botschaften. Und gerade deshalb ist auch Schmerzerfahrung wichtig. Ganz einfach ausgedrückt habe ich dies in einem Ausschnitt meines Bestsellers »Frauenzeit« wie folgt:

Ganz egal, ob Sie sich mit dem Gedanken einer Scheidung oder Trennung befassen, ob Sie in der Scheidung drin stecken oder gerade geschieden wurden, ob Sie innerlich erst Ihrem Ex-Liebsten aufgekündigt oder ihn bereits verlassen haben: Sie sind auf dem Weg. Und das ist gut so. Sprechen Sie nur mit Menschen über diese Grenzerfahrung, die sie selber gemacht haben. Gehen Sie bewusst durch die Tausend Tode Ihres Wachstumsprozesses und freuen Sie sich darüber, dass Sie mit jedem Tod als Phoenix aus der Asche der eigenen seelischen Dunkelkammern fliegen: Schöner, wacher, weiser und reifer denn je.[38]

Liebe muss immer wieder eine Chance bekommen. Der weibliche Phönix kann es sich leisten, erneut verletzt und verwundet zu werden, um dann erneut zu genesen und der Liebe wiederum eine Chance zu geben, wenn es abermals nicht klappt. Wer aber aufgibt, gibt die Liebe und damit den Lebenssinn auf. Gibt sich selbst auf und die vielen Chancen im Leben, Liebe immer wieder zu finden. Ich wünsche mir mehr Frauen, die nicht resignieren. Die sich von Liebesdingen nicht abwenden, sondern erkennen, dass sie ohne Liebe nur einzelne Facetten ihres Lebens als Frau leben, anstelle eines vollen, satten, farbenreichen, intensiv geprägten Lebens von Frau-Sein und Karriere. Als Partnerin, Mutter, Ehefrau, Geliebte, als Tochter und Buddy, als Kameradin, Seelenpartnerin, Chefin und vieles mehr.

Leben muss satt gelebt werden, sonst zerrinnen die Jahre zwischen den Fingern. Das braucht ungeheuer viel Mut und Beständigkeit, Beharrlichkeit und den Willen, immer wieder aufzustehen und sich dem Leben und Schicksal mutig zu stellen. Das ist gelebtes Leben. Und nur dieses kann FRAU-SEIN UND KARRIERE zu einem Ganzen machen, das viel Glück und Reifung schenkt.

Wenn Frauen unter Karrierestrom stehen, ist alles dabei. Kopf, Herz, Seele, Körper; da ist kaum mehr Platz für einen Mann.

»Es ist wichtig, der mit Karriere absorbierten Frau den Rat zu geben, in die Evaluation des eigenen Partners mindestens so viel Zeit zu investieren wie in die eines Mitarbeiters.«

Es ist wichtig, an die eigenen Bedürfnisse immer wieder anzudocken und nicht zu vergessen, eine Frau zu sein, mit den Bedürfnissen einer Frau; und nicht nur ein super leistungsfähiger Computer mit Docking-Station. Wer immer nur im Kopf ist, kann Gefühl und Herz zwar nicht verlieren, aber den Anschluss dazu verpassen.

»Es scheint ein Widerspruch zu sein, dass Managerinnen sich gerne schwache Schultern suchen, die dann einbrechen…; gerade bei diesen Frauen sind jene Männer, Partner wichtig, die liebevoll Kontra geben und den Ausgleich herstellen, der abhanden gekommen ist. Das sind aber starke Männer mit solidem Ego, mit starker Schulter und fürsorglichem Charakter. In ihrem Zustand sind Managerinnen darauf angewiesen, dass ihr Partner für sie da ist und sie mit strenger Liebe führt – zurück zu der Frau, die er liebt und die er schätzt. Und hier entsteht wohl auch der Grundlagenirrtum: Eine starke Karrierefrau braucht niemanden. Falsch.«

6.

» Weibliche Unternehmenskultur schafft Innovation «

Feminität ist DAS Betriebssystem für den Fortschritt im 21. Jahrhundert

»Ich will einen CEO, der keine Angst
vor Weiblichkeit hat.
Vor Talent. Anspruch. Vor Ehrgeiz.
Commitment und viel Feminität.
Innen und außen.«

»Für mich ist das Ziel, dass dieses
Thema derart integriert ist in eine gesellschaftliche Normalität,
dass es gar nicht mehr diskutiert werden muss.
Dass es klar ist, dass es beides,
männliche und weibliche Elemente braucht.
Als Balance in jedem Unternehmen, überall.«

Sie, nennen wir sie Miriam T., hat die Nachfolge ihres Vaters angetreten. Die Nachfolge eines hochgeschätzten Patrons. Sie ist jung und hat klare Ziele, leitet seinen Betrieb. Mit weiblicher Hand, weiblichen Vorstellungen, weiblicher Sprache. Die oben genannten Zitate sind von ihr.

Sie ist CEO eines mittelgroßen Industrieunternehmens, das praktisch nur mit männlichen Partnern kooperiert. Mit ihr habe ich gesprochen. Ich wollte wissen, was für sie eine weibliche Unternehmenskultur ist und wie sie diese verfolgt.

»Weibliche Unternehmenskultur ist eine offene, direkte und verbindliche Kommunikation. Ist für mich mehr Menschlichkeit in Bezug auf ›Schwächen zugeben dürfen‹, heißt aber ebenso, mal eine ›kurz angebundene‹ Antwort geben zu dürfen, die nicht falsch verstanden wird.

Weibliche Unternehmenskultur bedeutet für mich auch kurze, knackige Meetings ohne Profilierungsgehabe und angeberische Voten, quasi ›testosteron-frei‹, sowie eine klare Kommunikation auf weibliche, charmante, aber direkte und auch unmissverständliche Art.

Feminität im Unternehmen heißt für mich, dass ich im Sommer einen kurzen Rock tragen kann, ohne Blicke von Männern aushalten zu müssen. Es beinhaltet einfach einen natürlichen Umgang mit ›Weiblichkeit‹ per se, ohne vom Aussehen her bewertet zu werden (anstelle des Könnens). Die Garderobe nach Tagesform auswählen zu können, ohne sich groß Gedanken darüber machen zu müssen, wie die männlichen Kollegen darauf reagieren könnten.

Und schließlich heißt Feminität im Unternehmen für mich, in meinem Unternehmen, für uns alle, in Sachen Raumklima und Raumgestaltung feminine Akzente setzen zu können; wir wollen weniger Sterilität als vielmehr auch weiche Formen und Farben in der Corporate Culture, in unseren Räumen, unserem Auftritt, unseren Produkten und ihren Verpackungen. Das heißt auch, Kontraste ausleben zu können. Ich will weniger ›Industrie‹, dafür mehr Farbe und Akzente setzen.«

Diese junge, hochdynamische Firmenchefin lebt auch gleich vor, was sie fordert. Sie lebt für ihren Betrieb und identifiziert sich jeden Moment mit ihm. Sie denkt in allen Belangen ihres Lebens in Analogien zu ihrem Betrieb. Das macht sie innovativ, sie denkt und handelt, kommuniziert und reagiert oft verblüffend rasch, proaktiv, vernetzt und vorausblickend. Sie erkennt Trends, Kundenentwicklungen, sie ist enorm schnell in ihrer Auffassungsgabe, mutig im Experimentieren neuer Produktentwicklungen, sie setzt auf absolute Qualität und wird zunehmend intolerant hinsichtlich Fehlerkultur. Hier wird sie noch ansetzen müssen, denn über Fehler entwickelt sich eine lernende Organisation am effizientesten. Und dennoch: Sie verkörpert einen sehr weiblichen Umgang mit Unternehmertum: Sie ist 100-prozentig präsent. Sie ist vollumfänglich aware und lebt ihr Unternehmertum selber vor, in jedem Moment. Hier lauert denn auch die Gefahr mangelnder Distanz, doch damit lernt sie umzugehen. Sie IST ihr Unternehmen. Sie trennt nicht zwischen Beruf und Sein. Sie inkludiert Denken, Fühlen, Handeln und Machen zu einem Ganzen, das auf ein Ziel hinsteuert: Exzellenz.

Miriam T. ist eine Frau, wie es Frauen so oft verkörpern, die den erklärten Mut zur Exzellenz als Schlüssel zum Erfolg thematisieren. Und hierin fordern. Sich in erster Linie. Manchmal auch gefährlich überfordern. Die Mitarbeitenden in zweiter Linie.

So lässt sich wie folgt zusammenfassen: Eine weibliche Unternehmenskultur ist die Verbindung von überdurchschnittlichen Leistungsanforderungen mit Lebensfreude und kreativem Experimentieren.

Im Folgenden nun das Interview mit einer international tätigen Personal- und Organisationsentwicklerin, die auch als interner Coach und als Beraterin arbeitet. Lisa E. ist Leiterin globaler Projekte mit bis zu 30 involvierten Projektmitarbeitenden. Sie verfügt über breite Erfahrungen mit dem Management und Topmanagement und hat sich sehr viel Anerkennung und Respekt für ihre Leistung erarbeitet. Sie ist eine weise, zutiefst authentische Persönlichkeit mit sehr weiblicher Ausstrahlung.

Was für eine Unternehmenskultur wünschen Sie sich als Frau?

»Ich wünsche mir eine Kultur, in der man ganz natürlich die Unterschiedlichkeit der Menschen als Bereicherung ansieht. Ein Umfeld der Neugier, wo unterschiedliche Stärken verbunden werden, wo das Teilen Spaß macht, weil man weiß, dass dadurch Innovation geschehen kann, die alle erfolgreich macht.

Ein Umfeld, in dem keine Energie auf Konkurrenzkampf und Behinderung verschwendet wird, sondern die genutzt wird, um gemeinsam noch besser zu sein.«

Führen Frauen anders, wenn ja, wie anders und wie ist das spürbar?

»Dies möchte ich nicht generalisieren. Ich denke, es gibt immer noch viele Führungsfrauen, die versuchen, in derselben Weise zu führen wie Männer. Das kann in einigen Bereichen adäquat sein.

Dennoch ist es an der Zeit, dass Frauen sich ihrer eigenen Stärken bewusst werden und diese als eine erweiterte Variante einbringen, um erfolgreich zu sein, und dass sie ihre Stärken mit Bestehendem verbinden.

Wenn Frauen mit ihren eigenen Kompetenzen führen, drückt sich dies meist in einem integrativen Ansatz aus, wie im Einbeziehen des Teams, Stärken verbinden, neue Wege beschreiten, sich kümmern, Rückendeckung geben, sich für Mitarbeitende einsetzen, diese in der Entwicklung unterstützen, charmantes Influencing etc.

Frauen ist es wichtig, das Umfeld im Boot zu haben, dennoch sind sie klar, taktisch geschickt, haben Standing und können sich durchsetzen.«

Was verändert sich mit mehr Frauen in der Topetage?

»Dies kommt auf die Kultur an und was diese zulässt. Im Idealfall ist es ein Verbinden der Stärken und des Drives im Leadership-Team, ein sehr breites Blickfeld mit vielen Varianten, mit denen man auf einen sich schnell verändernden Markt flexibel und geschickt reagieren kann.

Idealerweise werden durch die Führungsstärken der Frauen die Mitarbeiter auch wieder loyaler gegenüber der Firma, Know-how bleibt erhalten, und man kann auch langfristig erfolgreich sein.

Ich denke, um in Zukunft erfolgreich sein zu können, braucht es neue Firmenstrategien. Das kurzfristige Denken wird sich auf Dauer nicht halten können.«

Was sind weibliche Stolpersteine?

»Eindeutig, wenn Frauen versuchen, die Stärken und Verhalten der Männer zu kopieren. Oder auch nur allein durch Fleiß sichtbar zu sein. Frauen könnten erfolgreicher sein, wenn sie das Spielfeld kennenlernen und sich eine Strategie zurechtlegen, wie sie erfolgreich mitspielen wollen. Das kann Themen beinhalten wie charmantes Einflussnehmen, taktisches Vorgehen, Beziehungsarbeit, Networking, sich mit Erfolgen und Stärken in einer guten Art zeigen etc.

Leider versuchen Frauen oft, immer noch alles alleine in der Balance zu halten. Familie, Karriere, eigene Entwicklung. Frauen können von Männern lernen, wie man sich den Rücken freihalten kann, sie könnten sich vermehrt ein unterstützendes Netzwerk aufbauen.

Und schließlich muss das Umfeld die Chance geben, weibliche Stärken einzusetzen und zu leben. Dies geht erfolgreicher und schneller, als wenn Frauen Stück für Stück den Boden selber erkämpfen müssen. Aber mit Quoten ist es leider nicht getan.«

Was sind die Werkzeuge für Frauen auf dem Weg nach oben?

»Neben allem Üblichen, wie beispielsweise Ausbildung etc.:
– einfordern, was sie brauchen, um ihre Stärken leben zu können
– ein unterstützendes Umfeld und Netzwerk
– Unterstützung annehmen
– sich eigener Stärken bewusster werden und diese gezielt einsetzen
– keine Angst / weniger Respekt vor starken Führungsmännern haben
– sich als professioneller Partnerin positionieren
– es nicht allen recht machen wollen
– Fehler machen und lernen.

Haben Sie eine persönliche Message für Männer, wie sie mit ambitionierten Frauen umgehen sollen? Was sollen sie nicht tun? Was mehr?

»Neugierig auf ambitionierte Frauen sein. Diese als Bereicherung ansehen und sich selbst mitverändern. Viel fragen, um zu verstehen, wie Frauen ticken. Sehen, wie aus einer neuen Kultur neue Möglichkeiten geschöpft werden können und wie dies die eigene Entwicklung bereichert.

Männer sollten den Frauen nicht nur Widerstand und Ablehnung entgegenbringen, das erzeugt nur Widerstand. Lieber sollten sie, wie im Zen, die neue Kraft zur eigenen Kraft machen und diese nutzen.

Männer sollten Frauen den Rahmen und das Umfeld geben, ihre Stärken einbringen zu können. Die Männer und die Teams/Organisationen würden dadurch noch erfolgreicher. Der Ruhm würde auch auf sie abfallen.

Ich denke selbst noch darüber nach, inwieweit diese Idealvorstellungen mit der Genetik und der jahrtausendealten Geschichte der Vorherrschaft der Männer überhaupt möglich ist, und welche Schritte es von beiden Seiten brauchen würde.«

Was ist Ihre Message an die Frauen, die wirklich »wollen«?

»Frauen sollten ihre Einflussmöglichkeiten nutzen, um den Männern zu helfen, ihnen den Spielraum zu geben, in dem sie sich entfalten und gemeinsam mit den Männern erfolgreich sein können.

Frauen sollten das Verbindungsglied sein zwischen dem Verhalten, wie es Männer brauchen und wie es sich bei ihnen eingespielt hat, und einem neuen Verhalten, das zu einem erweiterten Erfolg beiträgt. Sie sollten den Männern die Vorteile schmackhaft machen. Den Männern auch helfen, den Bedarf und die Dringlichkeit zu sehen, dass sich Dinge ändern. Männer könnten ja auch denken, es hat bis jetzt ja auch ohne Frauen funktioniert.«

Was ist Ihr Leitspruch, und wie haben Sie es geschafft?

Ich habe keinen speziellen Leitspruch. Wichtig scheint mir die eigene innere Haltung zu sein. Sich selbst kennen, authentisch sein, an die Selbstwirksamkeit glauben, auch bereit sein, sich selbst zu verändern, zu wachsen und dies nicht nur vom Umfeld zu erwarten. Neue Wege und Möglichkeiten suchen. Auf das Umfeld einwirken, Vorteile aufzeigen, diese schmackhaft machen, auf Augenhöhe sein, kompetent, neugierig, charmant, hartnäckig, begeistert.

Alles in einem größeren Ganzen sehen.

Wie innen, so außen.

Steter Tropfen höhlt den Stein.

Dem Flow vertrauen.«

Und noch ein Gespräch mit einer erfolgreichen Frau. Inga J. ist – beziehungsweise war – Partnerin in einem internationalen Umfeld. Sie hat gekündigt. Ohne neuen Job. Sie lächelt mich an und lässt mich wissen:

»Ich verlor mein Selbstvertrauen, zweifelte an mir. Ich war unglücklich und spürte, wie meine Selbstzweifel sogar in der Nacht kamen. Ich musste es tun. Ich musste gehen. Distanz schaffen zu meinem Unternehmen, dem ich fast sieben Tage die Woche dauerverfügbar war, über viele Jahre. Es war mein Leben. Mein Alles. Ich habe es heute quittiert. Und es fühlt sich zunächst nur gut an.«

Sie spricht davon, wie sie sich selbst überforderte. Wie sie mit abnehmender Distanz und weiblichem Totaleinsatz jeden Fehler mehr und mehr als existenziell betrachtete. »Ich hatte das Gefühl, komplett unfähig zu sein.« An diesem Punkt brach sie die Übung ab. Die Dauerverfügbarkeit war mit eine der Hauptursachen dieses Zusammenbruchs. »Ich war zu mutlos und zu angepasst, um einfach Nein zu sagen. Ich war dermaßen verunsichert, dass ich zur Mitläuferin wurde. Nun bezahle ich den Preis für meine Unterwürfigkeit und habe damit niemandem geholfen.«

Und dann legt Inga J. mir folgende Worte ans Herz: »Sagen Sie den Frauen, dass sie Grenzen setzen müssen; auch dann, wenn Männer Ja sagen. Frauen sind das Korrektiv im Betrieb, sie können Regeln neu definieren, sie müssen sich untereinander absprechen und helfen so vielen Menschen, auch Männern, nicht auch auszubrennen.«

Immer wieder spricht meine Gesprächspartnerin davon, wie rasch die fehlende Distanz zum eigenen Betrieb sie immer mehr Professionalität kostete. Wie wenig Mut sie hatte, inmitten der männlichen Dauerleistungskultur um jeden Preis ANDERS zu sein und zu erklären, was sie wahrnahm an krankhaften Auswüchsen eines solchen Wettbewerbs. Sie wollte nicht unangenehm auffallen, wollte keine Außenseiterin sein, wollte schon gar nicht als »typische Frau« gebrandmarkt werden und – drehte am eigenen Schicksalsrad. Sie machte mit, was Männer taten. Sie schwieg und litt. Sie verlor dabei ihr Selbst-Bewusstsein. Fühlte sich unwohl, wurde unglücklich und begann, an sich selbst zu zweifeln. Sie habe beinahe paranoide Züge entwickelt, sagt sie. Sie habe Männer unter den Generalverdacht gestellt zu intrigieren. Habe sich in ihrer Gegenwart schon a priori als minderwertig gefühlt und dabei wohl auch viele Fehler gemacht, die aus mangelnder Distanz entstanden seien. Perpetuum mobile – Spirale nach unten, Männer lassen geschehen, wenn Frauen aufgeben, denke ich.

Diese Frau schätze ich ganz besonders auch deshalb, weil sie den wesentlichen Aspekt betont, dass wir uns zunehmend zu Leistungszombies machen und unsere Lebenszeit versklaven, wenn wir uns unterwerfen. Ich danke ihr.

Inga J. wird sich einer Aufgabe zuwenden, die ihrer Lektion gerecht wird. Auch sie argumentiert weiblich bei der Frage, was die nächste Karriereetappe bringen soll. »Ich will alles in einem größeren Ganzen sehen, etwas Gutes tun, etwas Nachhaltiges, was Sinn macht…«

Der Zweck entscheidet über die Motivation zum Erfolg

»Ich will eine Kultur, die auch den Umgang
mit den neuen Medien regelt
und meine Dauerverfügbarkeit einschränkt.

Ich will keine Sklaven der Zeit und
paranoide Dauerläufer.«

O-Ton eines weiblichen CEOs

Sinnvolles zu materialisieren, das sind die unternehmerischen Träume und Visionen der meisten Frauen, die ich kenne. Ihnen geht es um Erfolg, auch finanziell, aber es geht nicht primär um finanziellen Erfolg. Das erklärt auch, weshalb kaum Frauen in ehemals virtuellen Unternehmen der Jahrtausendwende in Chefsesseln saßen. Da gab es nichts, was zu materialisieren war, außer Geld per se. Unweiblich, da sinn-los. Ich erlebe Frauen immer wieder kaum money-driven. Geld ist Mittel zum Zweck, der Zweck allerdings, der entscheidet über die Motivation zum Erfolg. Versicherungsverkäuferinnen gibt es kaum. Das macht gesellschaftspolitisch zu wenig Sinn. Geht es aber darum, relevante Regelwerke für das Gesundheitswesen eines Landes zu definieren, stoßen wir vermehrt auf Frauen.

Jedes Unternehmen, das Feminität vermehrt in die Unternehmensplanung integrieren will, hat auch den Schlüssel für die richtige Besetzung von erfolgsrelevanten Positionen in der Hand: Es sollten dort Frauen an die Hebel der Macht gesetzt werden, wo sie sinn-volle, gesellschaftsrelevante, nachhaltige und weitsichtige Weichenstellungen vornehmen können. Im Dienste der Gesellschaft, der Jugend, von Bildung, Erziehung, von Nachhaltigkeit, Sustainability-Zielen, von Umwelt, Gesundheit und Politik. Und dann werden solche bestausgebildeten, ambitionierten und resultatorientierten Frauen in ihrem Streben nach Exzellenz und ihrem Enthusiasmus, dem feu sacré, kaum noch zu bremsen sein. Frauen arbeiten komplett anders motiviert als Männer. Geld ist ein Teil der Anerkennung. Es ist eine Selbstverständlichkeit, die – fehlt sie – das Selbstvertrauen beeinträchtigt und komplett demotiviert.

Die Anerkennung jedoch ist es, die nicht nur durch das Unternehmen explizit ausgesprochen und immer wieder an Frauen adressiert werden muss (wohl einiges mehr als bei Männern), sondern die auch im Kontext der Aufgabenbreite und ihrer gesellschaftlichen Bedeutung für eine Frau elementar scheint.

Hier ein paar Inputs einer Geschäftsführerin einer renommierten Bildungsstätte. Sie sprudelt vor Ideen und Inputs bei der Frage, was für sie eine weibliche Unternehmenskultur ist, was sie motiviert, über Jahre hinweg eine nicht zu übertreffende Leistungsstabilität zu erbringen, die sie bekannt gemacht hat und ihr sehr viel Reputation und öffentliche Anerkennung zuteil werden lässt. Zum Begriff »weibliche Unternehmenskultur« nennt sie folgende Stichworte:

– Der Mensch steht im Zentrum.
– Zwischenmenschliche Beziehungen werden gepflegt.
– Sensibilität
– Achtsamkeit
– Rücksichtnahme
– Verlässlichkeit
– Führen mit dem Herzen
– Motivierende Atmosphäre
– In solchen Unternehmen geht es auch Pflanzen gut.
– Die leisen Töne sind die großen.
– Toleranz wird gefördert.
– Machtspiele haben keinen Platz.
– Wohlwollen und sich wohl fühlen als Grundtenor.

Und schließlich ihr Fazit: »Ein schöner Gedanke, den ich einmal in einem Artikel vor einem Jahr über John Garzema gelesen habe, ist folgender: ›Weibliche Werte sind das Betriebssystem für den Fortschritt im 21. Jahrhundert.‹«

Ein anderes Gespräch mit einem weiblichen CEO, der im industriellen Umfeld international seit Jahrzehnten tätig ist, verblüfft mich. Ute M., die seit Jahrzehnten in einem Männerumfeld ihre Fraulichkeit zelebriert, höchst gepflegt ist, weiblich gekleidet, ästhetisch bis zu den fein gepflegten Fingernägeln, assortierte Farbkombinationen trägt und mit ihren langen, wallenden Haaren genau weiß, wovon sie spricht, sie lacht und meint:

»Unternehmenskultur für Frauen: Schauen Sie, da braucht es von jeder Frau ein feines Sensorium. Sie muss genau unterscheiden, ob sie es mit Frauen oder Männern zu tun hat.« Ich verstehe nicht und frage nach.

»Eine Frau muss es sich leisten können, als Frau aufzutreten in Männergremien. Sie muss selbstsicher sein, um zu ihrer Weiblichkeit, ihrer Farbigkeit, ihrem Anders-Sein als Frau zu stehen. Das muss sie sich zuerst einmal leisten können.« Sie habe die Erfahrung gemacht, dass sie heute noch Männer zuerst einmal auf die Inhalte und die Sachebene bringen müsse, wenn sie ihre Feminität auch äußerlich lebe. Man müsse als Frau gerade rhetorisch und taktisch sehr beschlagen sein, um von männlichen Gremien trotz weiblichem Auftreten ernst genommen und gehört zu werden. Die Gefahr der Reduktion oder der einseitigen Wahrnehmung ihrer weiblichen Signale sei groß genug. Das verlange viel Professionalität und Versiertheit. Inhalte, Figures and Facts und die Rhetorik müssten bei weiblich auftretenden Frauen besonders top sein und dominieren. Weibliche Leadership heiße denn auch, gerade Männer auf die Sachebene zu führen, um die inhaltliche Aufmerksamkeit zu erlangen. Bei Frauen sei dies allerdings noch anspruchsvoller.

Sie habe die Erfahrung gemacht, dass durchschnittliche Frauen attraktive Frauen quasi unter den Generalverdacht stellten, das Weibchen zu spielen und mit dieser Prämisse alles, was weiblich und feminin aussehe, abzuwerten. Bei sich selber. Bei anderen Frauen. Frauen würden, so weiter, die Stärken der Frauen erst recht nicht akzeptieren können, Ausnahmen würden die Regel bestätigen. Frauen sprächen Frauen die Leistungsfähigkeit viel schneller ab, wenn Frauen weiblich auftreten, meint Ute M. Dies sei bei Männern nicht der Fall. Diese seien einfacher gestrickt und einfach nicht bei der Sache. Also sei es eine Führungsaufgabe der betreffenden Frau, die anwesenden Männer immer und immer wieder argumentativ abzuholen und Professionalität von ihnen einzufordern.

Wenn sich Frauen also Raum für ihre Weiblichkeit nehmen, dann müssen sie vor Selbstvertrauen strotzen. Sie müssen wissen, dass sie rhetorisch und argumentativ besonders stark auftreten müssen. Dass sie Männer im Gremium gerade in weiblichen Sichtweisen sehr eng führen und den Sachverhalt immer und immer wieder erläutern. Dass Frauen Männer auf die Ebene der Professionalität führen müssen, auf der sie den Kopf bei der Sache und nicht bei ihrem Outfit haben. Dass sie hingegen andere Frauen in ihrer tendenziellen Abwertung aller Weiblichkeit ignorieren und ganz einfach motivieren müssen, selber mehr Authentizität und Angstfreiheit zu leben.

Unternehmenskulturen für Feminität sind Kulturen der Awareness, das heißt des Bewusst-Seins. Frauen müssen ganz einfach das Anders-Sein von Frau und Mann explizit ansprechen, zum Thema machen, in Diskussionen einbringen, diskutieren lassen. Awareness ist kein Programm. Awareness ist eine Fähigkeit, die es zu erarbeiten gilt. Sie ist Präsenz, Dasein, mit allen Sinnen, sie ist Offenheit und repräsentiert das Gegenteil einer Haltung der Vor-Urteile.

Mein oben skizziertes Gespräch mit Ute M. zeigt aber auch auf, dass diese Fähigkeit sowohl Frauen wie Männer betrifft. Beide haben zu lernen. Das macht es fair. Eine Studie von McKinsey&Company zeigt eindrücklich, wie unterschiedlich Frauen und Männer hinsichtlich Ambitionen und Bereitschaft für den Weg nach ganz oben agieren.[39] Im Kapitel »What women want« fasst die Studie zusammen, dass die Karriereambitionen von Frau und Mann fast identisch sind, dass 97 Prozent der mittleren bis höheren Kaderfrauen ebenfalls ins Topmanagement aufsteigen möchten. Frauen sind dabei bereit, auch wesentliche Opfer ihres persönlichen Lebens zu bringen. Männer ihrerseits aber wissen kaum, wie unterschiedlich doch die Anforderungen für Frauen sind. Hier gibt es also Erklärungsbedarf. Es braucht positive Beispiele, Erfahrungswerte. Frauen, die sichtbar, hörbar und spürbar sind und sich immer – und immer wieder – erklären. Als Frau, als anders, als Er-Finderin neuer Denk- und Handlungsansätze, anderer Werte und Sichtweisen. Ohne freilich auf einen Wortschatz von Gender Diversity und Quoten zurückzugreifen. Tun. Einfach tun, das ist die Formel. Und erst dann darüber sprechen.

Und Ute M. hat einen wesentlichen Punkt herausgestrichen, der auch mir am Herzen liegt: Rhetorik. Commitment-Sprache. Professionelles Sprechen, Auftreten und Präsentieren sind das A und O – und in mehr als der Hälfte aller Beispiele von Frauen miserabel dargeboten. Zu wenig Selbstsicherheit. Zu wenig sprachliche Kompetenz. Zu wenig Rhetorik und Wissen über die Sprache als Mittel der Macht. Schauen wir dieses Thema also näher an und machen wir aus ihm einen Crashkurs in Rhetorik für Frauen.

Feminität heißt auch Commitment-Kultur in der Sprache

»Die ganze Kunst des Redens besteht darin,
zu wissen,
was man nicht
sagen darf.«
George Canning

Am Anfang steht das Wort. Es prägt das Denken. Das Handeln. Stellt soziale Hierarchie her. Grenzt Territorien ab. Organisiert Sozialprestige und ist das mächtigste Instrument überhaupt. Es wirkt nachhaltig. Es kann nicht zurückgenommen werden.

Kennen Sie folgende Situation? Sie sprechen und werden wiederholt unterbrochen. Sie machen Vorschläge, man hört kaum zu. Wenig später greift jemand Ihre Idee als seine Idee auf, es greift. Frustration.

Oder Sie halten vor mehreren Menschen eine Rede, haben Lampenfieber. Sie fühlen, wie Sie innerlich beben, hören sich sprechen und überzeugen sich selbst nicht. Sie werden auch Ihr Auditorium nicht überzeugen. Frustration.

Und noch eine Situation: Sie sind bestens vorbereitet für eine Präsentation. Power Slides, jedes Wort sitzt, ist geübt, perfekt präsentiert. Doch es greift nicht. Dann spricht jemand vorne, der offensichtlich von sich derart überzeugt ist, dass die kaum spürbare Vorbereitung unbedeutender ausfällt als seine Worte, die markieren, die ankommen, die die Menschen erreichen, die Hierarchie bilden. Frustration.

Die Sprache, die wir sprechen, ist das höchste, größte und effizienteste Erfolgsinstrument, das wir haben. In der Art und Weise, wie wir sprechen und folglich, wie andere darauf reagieren, erhalten wir Aufschluss darüber, wie wir über uns selber denken, was wir von uns halten. Unsere Sprache verrät jede Spur von Unsicherheit, jeden Mangel an Selbstsicherheit und Ängste. Unsere Stimme ist der Seismograf unserer Seele und unseres Denkens.

Die Sapir-Whorf-Hypothese ist eine der wichtigsten Einsichten (und ich habe diese in früheren Büchern schon explizit erwähnt) und befasst sich mit dem engen Zusammenhang von Sprache, Denken und Erkennen, von Sprache und Kognition, von Sprache und ihrer gesellschaftlichen Bedeutung. Psycholinguistik stellt sich die Frage, in welchem Zusammenhang unser Denken an unsere Sprache gebunden ist. In Wirklichkeit ist das Denken eine höchst rätselhafte Sache, über das wir nirgends so viel erfahren wie durch das vergleichende Sprachstudium. Dieses zeigt, dass die Formen unseres Denkens durch unerbittliche Strukturgesetze beherrscht werden, die dem Denkenden nicht bewusst sind.

Benjamin Lee Whorf schreibt hierzu in seinem Beitrag zur Metalinguistik und Sprachphilosophie »Sprache – Denken – Wirklichkeit«:[40]

Sprache ist ein eigenes riesiges Struktursystem, in dem die Formen und Kategorien kulturell vorbestimmt sind, aufgrund deren der einzelne sich nicht nur mitteilt, sondern auch die Natur aufgliedert, Phänomene und Zusammenhänge bemerkt oder übersieht, sein Nachdenken kanalisiert und das Gehäuse seines Bewusstseins baut.

Und hier greift die »Sapir-Whorf-Hypothese«,[41] die davon ausgeht, dass *die Sprache das Denken determiniert*:

– Die Welt präsentiert sich uns in einem kaleidoskopartigen Strom von Eindrücken, der durch unseren Geist organisiert werden muss.

– Die Kategorien, nach denen wir die Welt organisieren, werden in ihr nicht einfach gefunden, sondern werden bestimmt durch die Kategorien, nach denen unsere Muttersprache die Welt gliedert.

– Die Sprache ist demnach nicht einfach nur ein reproduktives Instrument zum Ausdruck von Gedanken, sondern *formt selber die Gedanken*.

– Die Muttersprache kategorisiert die Welt unterschiedlich, die gleichen physikalischen Sachverhalte werden unterschiedlich beurteilt und führen zu verschiedenen Weltbildern.

Die Sapir-Whorf-Hypothese fasst folgendermaßen zusammen: *Menschliche Wesen leben weder nur in der objektiven Welt noch allein in der, die man gewöhnlich Gesellschaft nennt. Sie leben auch sehr weitgehend in der Welt der besonderen Sprache, die für ihre Gesellschaft zum Medium des Ausdrucks geworden ist. Es ist durchaus eine Illusion zu meinen, man passe sich der Wirklichkeit im wesentlichen ohne Hilfe der Sprache an und die Sprache sei lediglich ein zufälliges Mittel für die Lösung [...] der Mitteilung und der Reflexion. Tatsächlich wird die »Reale Welt« sehr weitgehend unbewusst auf den Sprachgewohnheiten der Gruppe erbaut [...] Wir sehen und hören und machen überhaupt unsere Erfahrungen in Abhängigkeit von den Sprachgewohnheiten unserer Gemeinschaft, die uns gewisse Interpretationen vorweg nahelegen.*[42]

Es ist faszinierend, dass sich unsere Wahrnehmung – basierend auf dieser Hypothese – aufgrund unserer Sprache ausprägt. Sprächen wir in anderen Sprachen, hätten wir ein völlig anderes Weltbild. Es ist ebenso faszinierend, dass wir mit dem Gebrauch unserer Sprache immer wieder verstärken, wer wir sind, was wir haben und tun und was wir denken. Mit anderen Worten: Wer das erkannt hat, wird bewusst sprechen, mit Sorgfalt seine Worte wählen und seine Gedanken verstärken oder beschweigen.

Stellen wir uns vor, dass sprachliche Kompetenz und Qualität unser Denken determinieren. Dass wir über die Entwicklung unserer sprachlichen Fähigkeiten – Sapir und Whorf nennen dies den elaborierten Sprachcode – proportional auch unsere geistigen Fähigkeiten und die Breite unserer Wahrnehmung entwickeln.

Und stellen wir uns vor, dass wir auch durch die Art und Weise, wie wir etwas sagen, das werden, erhalten und tun, was wir sagen.

Unser Körper ist ein Resonanzkörper, der sich 24 Stunden darum kümmert, gedankliche und verbale Signale seines Besitzers umzusetzen. Mit einer geknickten Stimme, mit weinerlichem Timbre zu sprechen, ist genügend Signal, sich physisch und psychisch geknickt und unsicher zu fühlen.

Liebe Leserin, Ihre Sprache und Ihre Stimme sind Ihre Machtinstrumente! Sie bestimmen Ihr Denken, Ihre körperliche, geistige und seelische Verfassung. Und eines steht fest, egal wie konsequent Sie sich mit der Sapir-Whorf-Hypothese identifizieren oder nicht:

– Sprache bestimmt und verstärkt die körperliche, geistige und seelische Verfassung.
– Sprache ist Führungsinstrument des eigenen Denkens.
– Sprache materialisiert sich in Denken, Sein, Haben.
– Sprache ist Macht. Wer Macht hat, beherrscht seine Sprachführung. Und damit seine Gedankenqualität.

Der Zusammenhang von Sprechen und Sozialprestige ist evident. Die Linguistik (Sprachwissenschaft) hat nicht erst seit Senta Trömel-Plötz[43] und Luise Pusch[44] die Interdependenz von Sprache und Macht erforscht.

Frauen sind vielfach noch zu wenig aufgeklärt über die enorme Kraft der Sprache. Ich möchte Ihnen in einem kurzen Überblick die aus meiner Praxis am häufigsten erkennbaren Sprachfallen auflisten und aufzeigen, inwieweit Sprechen und Sozialprestige miteinander verknüpft sind:

In der Funktion zur Herstellung von Realität ist Sprache DIE Erzeugerin.

In der Funktion zur Herstellung von »Normalität« ist Sprache DAS Instrument.

In der Funktion zur Herstellung von »Sozialprestige« innerhalb einer hierarchisch gegliederten Gemeinschaft gilt als am ranghöchsten:

- wer die längste Sprechzeit hat
- wer am häufigsten das Wort ergreift
- wer am wenigsten unterbrochen wird
- wer am meisten mit dem Namen und akademischen Titeln angesprochen wird
- wer am meisten Sprechführerschaft innehat
- wer die Quintessenzen aus den Gesprächen zusammenfasst und bewertet
- wer laut und unbeirrt spricht
- wer am meisten nonverbale Zustimmung erhält
- wer am stärksten in der *Commitment-Sprache* spricht, das heißt, wer verbindliche Aussagen macht, Standpunkte vertritt und klar Stellung bezieht.

Männer sind sich diesen Mechanismen viel bewusster. Sie benutzen Sprache als mächtiges Instrument, das sie in der Regel oft auch intuitiv effektvoll und zielführend einsetzen. In Verbindung mit der Körpersprache, dem Bühnenauftritt, dem genießerischen Auftreten im Rampenlicht, den prachtvollen Selbstinszenierungen, der eloquenten Verkaufsleistung nicht immer gelungener Inhalte sind Männer hierin eindrücklich und professionell unterwegs.

Männer nutzen ihre Sprache und Auftritte jederzeit zur Sicherung ihres Status, ihres Sozialprestiges. Sie markieren mittels Sprache ihr Territorium, setzen Sprache sachbezogen und strategisch ein. Sie geben Sozialprestige oder nehmen es, geben und nehmen Macht mit sprachlichen Mitteln. Männer sind Meister der sprachlichen Führung.

Frauen dagegen setzen Sprache naiverweise oft als Beziehungsinstrument ein, nutzen Sprache vorab als Sympathie-Energie und harmonisierendes Element der Interaktion. Worte wie »ich« und »nein« scheinen Frauen so suspekt wie »Macht« und »Geld«.

Damit wird klar, weshalb in der Praxis von gemischtgeschlechtlichen verbalen Interaktionen folgende Grundstruktur überwiegt:

- Frauen ergreifen weniger häufig das Wort und reden weniger lange als Männer. Sie überlassen Territorium als freundliche Geste.
- Frauen werden von Männern häufiger unterbrochen und unterbrechen Männer weniger. Sie ordnen sich unter und überlassen Hierarchiebildung.
- Frauen werden durchschnittlich weniger häufig mit ihrem Namen und Titel angesprochen als Männer. Sie werden untergeordnet.
- Frauen agieren durchschnittlich weniger häufig als Sprechführerinnen. Sie markieren keine Macht, sondern laufen mit.
- Frauen fassen weniger häufig die Quintessenzen aus Gesprächen zusammen (vielmehr werden ihre Redebeiträge sehr oft von Männern als die ihren ausgegeben). Sie exponieren sich nicht als Leaderinnen, bleiben unsichtbar und überlassen Territorium.
- Frauen sprechen durchschnittlich weniger laut und lassen sich leichter verbal ausbremsen. Sie ordnen sich unter.
- Frauen werden von Männern durch aktives Zuhören und nonverbale Ermutigung, weiterzusprechen, weniger unterstützt. Sie müssen zuerst ermutigt werden, statt selber mutig Leadership zu übernehmen.
- Frauen benützen abschwächende Redewendungen, stellen Behauptungen in Form von Fragen auf, leiten ihre (wichtigen!) Aussagen oft in Form von Vorankündigungen ein, um Aufmerksamkeit und Ratifizierung ihres Gesprächsbeitrags zu sichern. Sie wollen akzeptiert und geliebt sein, nicht anecken und nicht polarisieren. Sie ordnen sich geschlechtsspezifischen alten Zöpfen unter.

Es ist eine Tatsache, dass nach wie vor sehr viele Missverständnisse in der Geschlechterkommunikation entstehen. Es ist ganz einfach, einen Ausgleich zu schaffen: Wenn Frauen sich erst einmal der Sprachmacht und ihrer Fallen bewusst sind, ist es ein Leichtes, eigeninitiativ und selbstverantwortlich auszugleichen.[45]

Eine weibliche Commitment-Strategie kann Unternehmenskulturen revolutionieren

Was wir in Bezug auf die Macht der Sprache und die Commitment-Sprache ausgeführt haben, lässt sich genauso auf Ihre Unternehmenskultur übertragen. Holen Sie sich Ihren Wettbewerbsvorteil und leben Sie in Ihrem Unternehmen eine Ziel-Commitment-Kultur: Jedes Ziel ist ein schriftlich formuliertes Projekt. Und ist es erstmals schriftlich fixiert, wird es eingehalten. Wenn nicht, dann ist es Ihre Aufgabe, den Ursachen auf den Grund zu gehen und zu korrigieren. Übrigens: Es macht Spaß, in einer Unternehmens-Commitment-Kultur zu arbeiten, weil es Spaß macht, erfolgreich zu sein, weil es Spaß macht, in einer Kultur von Erfolgreichen täglich dazuzulernen und immer noch besser zu werden. Es macht Spaß, die eigenen Grenzen laufend zu sprengen und zu wachsen. Und die zweite gute Nachricht: Zahlen belegen, dass eine funktionierende Unternehmens-Commitment-Kultur die Effizienz mindestens *verdoppelt* und die Motivation der Mitarbeitenden um ein Mehrfaches erhöht. So lässt sich eine weibliche Unternehmenskultur wie folgt umschreiben:

Die Führungsperson ist Motivator/in und Beziehungskünstler/in, Kommunikations- und unzensierte/r Informations-Generator/in. Sie ist Vertrauensperson und Ziel-Coach jedes Einzelnen. Ihr gelingt der exzellenteste Beitrag zum Unternehmenserfolg: Sie versteht es, die Selbstverantwortung jedes Einzelnen auf 100 Prozent zu steigern. Ebenso, mit ihren Mitarbeitenden zusammen die richtigen (Wachstums-)Ziele zu setzen, sie korrekt und verbindlich zu Commitments zu formulieren. Die Führungskraft versteht es, eine *blühende Commitment-Kultur* zu schaffen, in der Ziele und Vereinbarungen zum obersten Leistungsprimat gehören und von jedem (jedem!) gehalten werden.

Dies setzt voraus, dass sowohl das Unternehmen wie seine Unternehmensspitze befähigt sind, die Verantwortung für den langfristigen wirtschaftlichen Erfolg mit gesellschaftlicher und umweltpolitischer Verantwortung zu kombinieren. Es besteht kein Zweifel, dass erfolgreiche Unternehmen heute spüren und erkennen, was ihnen an Erfolgsstrategien fehlt, um die Schnelligkeit des Wandels von morgen ebenso erfolgreich zu meistern. Das setzt ein komplettes Umdenken voraus.

Weibliche Unternehmenskultur muss sich also auch weiterentwickeln und die positiven Aspekte herkömmlicher Kulturen integrieren lernen: Dazu gehörten Hierarchie, Macht (ohne Machtmissbrauch), Leistungskultur mit Territorialaspekten, Wettbewerb mit Respekt, Anerkennung, Streben nach Exzellenz in Verbindung mit gesundem Wettbewerb und ihren Siegerpokalen. Nicht alles ist schlecht, was ist. Die Kunst, Bewährtes und Zukunftsfähiges mit Neuem, Innovativem und Weiblichem zu verbinden, das ist die neue Essenz des Erfolgs weiblicher Kultur.

Hier das Beispiel einer Frau, die in ihrer Karriere erfolgreich eine Commitment-Stategie verfolgte. Sie machte niemals faule Kompromisse und verriet nie ihre Werte. Beinahe rigoros überstieg sie Konventionen und kämpfte für ihre Überzeugungen, ließ sich intuitiv voll auf Menschen ein, die ihr gefielen, und genauso intuitiv nicht auf jene, die ihr ungutes Gefühl gaben. Das passte einfach beinahe immer zusammen. Als junge Frau, die eigentlich habilitieren wollte, wurde sie von der Universitätskarriere mit einem attraktiven Angebot einer Großbank weggelockt, die ihr anbot, nach kurzer Zeit bereits durch die Kaderschmiede trainiert, als eine der ersten Frauen überhaupt Führungsseminare für Manager zu konzipieren und später mitzuleiten. Zwar »rückte sie ein« wie ein Mann ins Militär, und dies Woche für Woche, wie sie erzählt. »Doch ich war und blieb dabei stets die Frau, die für sich beanspruchte, kein Fleisch zu essen, keine Hosen zu tragen, dem obersten Chef des Kaderzentrums zu widersprechen, mit ihm im lustvollen Widerspruch als Frau zu stehen und ihn dabei nicht selten zur Weißglut zu bringen. Er war mein Mentor geworden, gerade deswegen. Seine oft harte Schale und gefürchtete Observation seiner Schüler in seiner Kaderschule hinderte mich nicht daran, mit meiner Kadertruppe seine Regeln nicht selten lustvoll zu brechen. Wir feierten den Abschluss der Ausbildungswoche einst so kreativ, dass ich am kommenden Tag zitiert wurde. Wir machten unsere Tagesappelle auf weibliche Art, indem wir Alternativen zu militärischen Varianten bildeten und ihn dabei irritierten. Ich lernte dabei, und ich war stets die einzige Frau, dass dieser Widerspruchsgeist – diese Einzigartigkeit und Andersartigkeit als Frau – immer auch mein Kapital war, das ich leben wollte, musste. Und genau dies verschaffte mir Akzeptanz. Ich ging auf Konfrontationskurs, wenn Werte verletzt wurden. Sprach genau das an, was am meisten weh tat. Ich war ich. Und damit lernte ich eine der wichtigsten Regeln im Leben einer Karrierefrau: Sei du selbst. Und nun kommt die Prämisse: Unter der Voraussetzung, dass es mit souveränem Charme und Visibilität deiner Topleistung (die ohnehin ein Mehrfaches im Vergleich zu einem männlichen Pendant ist) geschieht. Frauen können den Akku laden, indem sie mit Humor und manchmal auch einer Leichtigkeit des Seins über Konventionen hinwegsteigen, an die sie sich anpassen und männlich verbiegen würden.«

Was heißt das also: Lust an der Leistung, Lust auf Karriere, Topleistung unter der Prämisse, das Anders-Sein als Frau ins Zentrum jeder Befindlichkeit zu stellen, die NICHT mit Männern konform geht: Das ist der Weg zum weiblichen Karriereglück.

Das setzt allerdings auch viel Selbstvertrauen voraus, das sich jedoch zumindest teilweise aufbauen und stützen lässt, was wiederum in Coaching-Sitzungen oftmals ein Thema ist.

> *»Es braucht*
> *Bodenbedingungen*
> *inmitten einer*
> *männlichen Unternehmenskultur,*
> *die auch weibliches Saatgut überleben*
> *und längerfristig erblühen lässt.«*

Klare Ziele, stabiles Selbstbewusstsein, Werthaltung, Charme, Humor, Lust auf Herausforderungen, Wettbewerbsfähigkeit, Freude an Macht und Unternehmertum, tiefe Neugier, Konfliktfähigkeit, ein Gefühl für sich als Frau und Kämpferin für die eigenen Werte und Normen, Beharrlichkeit im Erreichenwollen von Zielen, das sind einige der ganz relevanten Erfolgsfaktoren für Frauen, die als Frau Karriere machen wollen. Dazu kommt auch der gezielte Aufbau eines stabilen Freundeskreises, eines Mentorennetzes, ein hohes Maß an Information und politischem Geschick im Umgang mit Intrigen, Projekte auf der Metaebene – übergeordnete Projekte, die ein ganzes Lebensmoment zusammenbinden wie ein Packet (Dissertation, Buch, passionierte Tätigkeit per se etc.), sowie eine starke Unkonventionalität, die Haltung der Kämpferin für ihre Werte, Lust auf ein Stück Provokation und Unbeirrbarkeit im Umgang mit Dummköpfen oder Ignoranten, Smartheit und taktisches Gefühl für Momentum. All das ist die Würze auf der Speise »Frau und Karriere« mit dem Sahnehäubchen »Glücksmomente«. All das verhindert Frustration, Humorlosigkeit und diese sinnlose Verschwendung von Lebenskraft und Energie.

Ich habe auf meinem Weg ganze Heerscharen von Vorurteilen angetroffen. Und sie nur kurz angeschaut. Dann ging ich weiter. Als junge Frau, frisch ab Universität mit Doktortitel, in einer Bank voller alter Hasen, die wussten, wie es ging, nicht alle universitär gebildet, doch mit Erfahrung ausstaffiert, jung, langes Haar, ungestüm auf Karrierekurs, Mentee eines toughen Chefchefs, der mir gleich zu Beginn sagte, dass er mich nach ganz oben bringe, mir aber nichts, rein gar nichts schenke. Der Deal saß, ich wollte die Herausforderung. Am ersten Tag bereits hatte ich Projekte auf dem Tisch, die ich mit der alten Entourage zu bewältigen hatte. Ein Ding der Unmöglichkeit und der Schnellzug zum Ziel. Jedes Feedback war Kompass. Jeder Fehler die doppelte Lektion. Jede Ablehnung, jedes Vorurteil, das mich traf, war zielsicher, unfair und schmerzhaft. Es war die harte Schule der Metaebene und ihrer Chance, Konflikte NICHT auf der Beziehungsebene zu lösen, sondern sachimmanent. Ich wollte alles und kassierte nicht wenige blaue Flecken auf der Seele. Ich machte immer weiter. Mein Kompass war mein unstillbarer Wissensdurst, alle Bankseminare auf einmal wären mir lieber gewesen als wochenlange Praktika in den Eingeweiden des Bankings. Doch auch hier tat ich alles, was es zu tun gab. Lernen, immer weiter, immer mehr, immer verdichteter, Menschen kennenlernen, die so ganz anders waren, tickten, fühlten, bewerteten, beobachteten. Politische Ränkespiele, taktische Manöver, ich bekam die volle Lektion mit. Spannend, intensiv, fordernd, fördernd, wurde mir nach kurzer Zeit die weltweite Ausbildung anvertraut, die ich nun – interkulturell – zu koordinieren hatte. Nächster Level der Herausforderung. Diesmal war ich in führender Rolle, hatte die Aufgabe, eine Gesamtkonzeption der Führungsausbildung global mit regionalen Sonderheiten zu regeln und dabei die Menschen – in ihrer kulturellen Vielfalt und nicht sonderlich aufeinander zu sprechen – zu einem Ganzen zu formen. Auf weibliche Art und mit viel Intuition, Gespür, mit Gesprächen und Konfliktbereinigungen, wiederum viel Arbeit auf der Metaebene, spürte ich sofort seismografische Ausschläge und lernte die Feinmotorik der interkulturellen Arbeit mit

Menschen und Zielen. Es war dies der Anfang einer happigen und für mich nächsten Lektion: der Umgang mit Neid. Denn mittlerweile hatte sich die junge Doktorin recht gut etabliert und ihr Einzelbüro am Hauptsitz erhalten, mitsamt Glastür zum Büro ihrer eigenen Assistentin, was die Riege der altgedienten Banker in Aufruhr versetzte. Intrigen, ganz schön starke, politische Ränkespiele, unverhohlene Kampfansagen und strategische Manöver standen vor meiner Tür und forderten mehr als Galgenhumor. Perfekte Lektionen auf dem Weg nach oben fordern perfekte Tarierung, und diese ist lernbar. Vorausgesetzt, der Mentor ist da, das Netzwerk intakt, die Leistung ist sichtbar und die Lust auf Erfolg ungebrochen. Und es funktionierte.

Schritt für Schritt müssen Frauen lernen, was es in solchen Biotopen zu lernen gibt. Wenn sie dies nicht zu Beginn wissen, damit nur kokettieren, nur Lust haben, diese Lektionen fürs Leben zu lernen, dann ist Karriere eine Totgeburt und führt immer zu Frustration, Schmerz und Enttäuschung.

Diejenigen Frauen schaffen den Weg nach ganz oben, die angstfrei und mutig ihre Exzellenz ausbauen und vermarkten, die sich geschickt politisch positionieren, die unberechenbar autonom und ehrgeizig ihre Träume und Visionen committen und die äußerst belastbar und humorvoll eine gewisse Resistenz gegen Frustration und allzu viel »Persönlich-Nehmen« aufgebaut haben. All das und mehr erfordert viel. Sehr viel Mut vor allen Dingen. Denn überall trifft die zunehmende Exzellenz und deren Exponiertheit auf Neid, Missgunst und – den Vater aller Untugenden – auf Vorurteile und sublime Nadelstiche, die ganz schön viel weibliches Selbstbewusstsein abverlangen, soll all das Gute obsiegen, das die Frauen zu bieten haben. Und: Rhetorik, Sprachvirtuosität und Kenntnis einer erstklassigen Sprachhandhabung, die als eine der effizientesten Führungsinstrumente auch in eigener Sache geführt werden kann und darf: Sapir und Whorfs Hypothese, die Sprache der Verbindlichkeit.

Eine andere McKinsey-Studie zeigt eindrücklich, wie sehr Frauen wollen und ihr Umfeld noch zickt.[46] Unter dem Titel »Moving mind-sets on gender diversity« fasst die Studie zusammen, dass Unternehmenskulturen, die ihre Topfrauen auf dem Weg ins oberste Management unterstützen wollen, ganze »mind-sets« adressieren und eine insgesamt umfassendere, holistische Agenda von Diversity entwickeln müssen. Das heißt »open up your mind« – einmal mehr auch hinsichtlich ganzer Paradigmenwechsel in Unternehmen und ihren Kulturen.

»Weibliche Unternehmenskultur ist eine offene, direkte und verbindliche Kommunikation. Ist für mich mehr Menschlichkeit in Bezug auf ›Schwächen zugeben dürfen‹, heißt aber ebenso, auch mal eine ›kurz angebundene‹ Antwort geben zu dürfen, die nicht falsch verstanden wird.«

»Es sind kurze, knackige Meetings ohne Profilierungsgehabe und angeberische Voten, quasi ›testosteron-frei‹.

»Frauen setzen Sprache naiverweise oft als Beziehungsinstrument ein, während Männer über Sprache konsequent Macht und Territorialverhalten herstellen.«

Starke Feminität ist verbindlich, committet. Auch in der Sprache.

Weibliche Unternehmenskultur ist heterogen, oft nicht linear, laut denkend; hohe Ansprüche an Ergebnisse, Innovation, Kreativität und vernetztes Denken durch jeden Einzelnen, all das ist fordernd. Unternehmen mit weiblichem Kulturgut setzen auf mehr Nachhaltigkeit, soziale Verantwortung und eine Wirtschaft im Dienste der Gesellschaft.

Fehlerkultur dient als Lernkultur.

Hierarchie wird durch Leistung anstelle von Ritualen der Selbstdarstellung hergestellt.

Feminität heißt Versachlichung und mehr Objektivität in der Sache, dafür mehr Empathie im Umgang mit Menschen.

Feminität ist effizienzgesteuert, in Prioritäten und Resultaten messend. Theater ohne Prolog und roten Teppich. Sie ist, was sie ist.

7. » Frauen und Gravitas – Self-Marketing ist ein Must «

Selbstvertrauen, Political Mapping und Visibilität sind das Kapital jeder Managerin

»Visibilität und Gravitas,
Commitment-Sprache
und Verhandlungsgeschick,
Political Mapping und
weibliche Authentizität –

Sie sind elementarste
Erfolgs-Werkzeuge.

Und sie sind lernbar!«

In Europa herrscht noch immer das Klima der vornehmen weiblichen Zurückhaltung – fast ganz nach Goethe. Im 21. Jahrhundert, inmitten digitaler Kreuzzüge von Paradigmenwechseln ist das bizarr und komplett deplatziert. Ein gutes Selbstbewusstsein zu besitzen – das gehört in die Erziehung von Mädchen –, ist das ganz große Thema fast all meiner Gespräche mit Frauen. Frauen und fehlendes Selbstvertrauen sind die Grundlagen allen Scheiterns in einer Männerwelt, die territorial angelegt und lustvoll gelebt wird. Gerade hierin muss sich eine Frau wohlfühlen lernen. Der Wettbewerb mit Hochbegabten, mit smarten, taktisch klugen und strategisch gut aufgestellten Mitstreitern gehört mit zum Spiel um Macht und Einfluss, um Unternehmertum und Gewinn. Daran ist nichts auszusetzen, das Kartenspiel ist lernbar. Und – es muss gelernt werden, wollen Frauen ganz oben mitspielen. Erst dann werden sie es schaffen, Feminität und neue Unternehmenskulturen, ihre Werte, ihre Kompetenz, ihr Anders-Sein so einzubringen, dass es normativ wird. Erst dann können Frauen die Weichen für eine weiblichere Zukunft stellen, wenn sie part of the game sind, dazugehören und – zumindest hierin akzeptiert sind.

Erfolgsrelevant ist die Formel für Self-Marketing, die auf der Würde, der Gravitas, der respektvollen, authentischen und natürlich autoritären Persönlichkeit der Frau aufbaut. Nichts ist künstlich, alles ist echt: auch emotionale Reaktionen, auch weibliche Emotionalität, weibliche Fragen, Antworten, Einwände, Gedanken, nachhaltiges Hinterfragen und so weiter.

Hier können Frauen von Männern lernen: Tue Gutes und sprich darüber – dies haben Männer längst intus. Sie haben erkannt, dass man sich selbst entdecken und vermarkten muss, dass man sich als Unikat verkaufen und ab und zu auch einen Image-Relaunch machen muss, um on the top zu bleiben.

All das und mehr ist noch Brachland für Frauen. Sie warten auf den Entdecker, glauben, dass Leistung allein zählt. Die Geduld der Frau aber ist bekanntlich die Macht des Mannes. Ganze Heerscharen hochbegabter Frauen stehen in der Warteschlaufe und – üben sich in Geduld.

Auf geht's in das Paradies der Realität, die da heißt: Kein Nachtschattengewächs wird medial durchschlagen. Kein Manager, auch keine Frau der Topliga darf das Rampenlicht scheuen, wenn es darum geht, Klartext zu reden, das Unternehmen, den Erfolg, sich selbst und seine Teams ins rechte Licht zu rücken. Kommunikation ist die halbe Miete. Die andere ist Leistung. Doch Leistung ohne mutige Kommunikation, das geht eben auch nicht.

Tatsache ist: Ein großer Teil des Management-Games ist nicht Selbstdarstellung, sehr wohl jedoch gekonnte, weitsichtige und vorsichtige Darstellung von Leistung und Leistungsträgern.

> »*Yahoo, General Motors, Pepsi:*
> *Einige der größten Konzerne der Welt*
> *werden von Frauen geführt.*
> *Eine Europäerin ist nicht unter den Top-15.*«[47]

Top-down muss leuchten, was als Ganzes im Lichte des Erfolgs auch verkaufbar sein soll. Und hier genau hapert es bei vielen Frauen, ganz besonders in Europa. Hier herrscht noch immer die irrtümliche Annahme, dass weibliche Zurückhaltung, Passivität, Geduld, Hoffnung auf Entdecktwerden der eigenen Talente, Understatement und – wenn alles nicht funktioniert – Opferhaltung irgendwann einmal zur Beförderung führen. Ganz falsch. Das Heer weiblicher Opfer wird zunehmend bitter und ungenießbar. Was vorher falsch läuft, ist ein Mangel an Selbstvertrauen, an Zivilcourage, Mut und klarer Kommunikation. An Kenntnissen, sich dem Manne verständlich zu machen, zu sagen, was man will, an der Fähigkeit, Leistung transparent zu machen, State of the Art zu kommunizieren, politisch korrekt zu lobbyieren und schlicht die Kunst, alle oben aufgeführten Erfolgsmechanismen nicht nur zu beherrschen – sondern auch zu verkaufen! Erfolg ist immer auch Self-Marketing und verkäuferische Leistung. Wer das nicht beherrscht, droht übersehen zu werden.

Und das ist eine weibliche Problematik. Frauen und ihr Mangel an Visibilität, an »Gravitas«, an Durchsetzungskraft in Meetings, an Persönlichkeit und Kantigkeit, an Kommunikation und Rhetorik, Verhandlungsführung, Akquisitionskraft, an Kritikfähigkeit und Strapazierfestigkeit bei Niederlagen. Das und mehr muss ins europäische Repertoire integriert werden, wollen wir auch hier einige mächtige Frauen für die kommenden Ausgaben von Fortune 500 und seinen mächtigsten Frauen bestellen. Denn es gibt sie zunehmend, doch leider sind sie noch zu blass und leise, als dass wir uns ihre Namen merken können.

Sichtbar-Sein mit der eigenen Leistung, zusammen mit den entscheidenden Erfolgsträgern, das macht zu Recht stolz, generiert Inspiration und motiviert zur nächsten Etappe. Sichtbar-Sein als Teil des Teams einer erfolgreichen Chefin schafft Vorbildfunktion.

Frauen haben Mühe damit, im Schaufenster zu stehen. Auf dem roten Teppich zu gehen. Sich fotografisch darzustellen. Mit einer mächtigen Wortmeldung nicht zu gefallen. Mit einer unzimperlichen Geste weibliche Stereotypien inmitten eines Meetings ad absurdum zu führen und sich ganz authentisch zu geben. Es braucht Mut, sich darzustellen und abzulichten, wie man ist. Auf die Gefahr hin, mit Kritik und Missgunst leben zu müssen. Sich eine bitterböse Medienmeldung anzutun und sie dann wegzustecken. Neid geht immer an den Absender zurück und hinterlässt ihm den Schaden ganz zuletzt. Kritikfähigkeit ist das Zauberwort, und sie lässt sich dann am besten üben, wenn Mut und Zivilcourage eben diese Strapazierfähigkeit trainiert.

Frauen müssen ihr Self-Marketing überdenken. Wenn es nicht mehr darum geht, sich mit männlichen Konkurrenten gleichzuschalten, sondern einerseits Exzellenz in der Leistung zu zeigen und andererseits mit weiblichen Maßstäben das Verhalten im Unternehmen zu meistern, dann wird es interessant.

Visibilität

Der weibliche USP als ICH-Marke gehört vermarktet. Jeden Moment und mit der nötigen Sensitivität für Maße und Gewichte, Zielgruppen und Redundanzen.

Unique Selling Proposition ist sozusagen der eigene Fingerabdruck der größten Stärke, der eigenen Exzellenz und hierin immer der Schlüssel zum Erfolg. Self-Marketing-Strategien und die Kunst der Visibilität, der Sichtbarkeit gehören dazu. Frauen müssen viel mehr visibel sein. Frauen müssen viel mehr öffentlich auftreten, sprechen, votieren, präsent sein, bei in- und externen Anlässen Raum einnehmen. Political Mapping ist Männern ein Begriff. Sie wissen, wie wichtig es ist, bei geschäfts- und imagerelevanten Anlässen auf der Gästeliste zu stehen, den starken Mann zu markieren, die erste Frage im Panel zu beantworten, die erste Frage im Auditorium zu stellen, eine Expertenmeinung durch das Mikrofon zu zelebrieren. Männer wissen, dass Sprache und Präsenz die direkte Verlängerung zu Macht und Territorialanspruch bilden. Sie sprechen lang, laut, nachdrücklich, rhetorisch versiert und prüfen ihre Wirkung. Sie fassen Voten zusammen, sind bewusst redundant, spielen mit rhetorischen Stilmitteln und kennen auch die Wirkung des Schweigens zum richtigen Zeitpunkt.

Self-Marketing und Leistung ist männlich. Leistung und Leistung ist weiblich. Erstes gewinnt, Zweites verliert. Die Kunst des Self-Marketing ist eine Kunst, das eigene weibliche Licht nicht unnatürlich und opferhaltig immer wieder unter den Scheffel zu stellen. Der Lehrmeister Mann – in seiner oft etwas plumpen überzeichneten Form – dient als Role Model, von dem aus jede Frau ihre eigene Kontur ziehen kann. Durch dieses Buch und seine Interviews ziehen sich denn auch die männlichen Wünsche an Frauen im Management, selbstsicher und ganz natürlich zu sagen, was sie zu sagen haben. Positiv formuliert, einfach gesagt, heißt das: Was Männer längst erkannt haben, muss Frauen im Klartext gesagt werden. Leistung wird per se nur als solche anerkannt, wenn sie auch marktkonform und konsistent, zielgruppenadäquat und kreativ vermarktet wird und Frauen sich dabei sichtbar machen, visibel, präsent.

Raumfüllende Persönlichkeiten werden gesehen, gehört und – gern eingeladen. Stark präsente Menschen sind gefragt, werden aufs Podium eingeladen, werden anerkannt und mit Sozialprestige gehandelt. Weibliche Zurückhaltung ist einfach falsch. Und zwar im doppelten Sinn: Sie ist falsch innerhalb von geschriebenen und ungeschriebenen Corporate Rules, in denen das Gesetz des Stärkeren herrscht und immer herrschen wird. Und gleich nochmals falsch im Sinne von »nicht echt«. Ich lade alle Frauen ein, dieses doppelbödige Spiel falscher Bescheidenheit zu lassen, stark und selbstsicher Leistung aktiv zu verkaufen, dabei authentisch und sich selber zu sein und den Stolz auf die eigene Leistung und die Freude am Erfolg zu zeigen. Der amerikanische Bestseller »Let's get real or let's not play«[48] zeigt auf einer Darstellung einen Eisblock im Wasser unter dem Titel »Leadership«; darunter – im Wasser verborgen – treiben Skills. Sie gehören aktiv sichtbar gemacht. Insbesondere jene, die den weiblichen Fingerabdruck ausmachen. Tue Gutes und sprich darüber – ist keine neue Erfindung, für Frauen aber noch immer eine große Hürde zum Erfolg.

Selbst-Bewusstsein

Ich möchte an dieser Stelle einen Auszug aus einem meiner früheren Bücher zum Thema Self-Marketing für Frauen zitieren, denn (leider) gehört dieses Repertoire noch immer zum Aufholbedarf mancher hochbegabten Managerin.

> *»Kein Mann ist imstande,*
> *die weibliche Vernunft zu*
> *begreifen.*
> *Deshalb gilt sie als Unvernunft.«*
>
> Eleonora Duse

Während den letzten 2000 Jahren »His-Story« ging es nur um ihn: den männlichen unbescheidenen Helden, der sich in autistischer Verrennung die Welt untertan machen wollte: rücksichtslos, uneinsichtig, bluttriefend und respektlos gegenüber andern und der Welt hatte er ein einziges Ziel: sich zu beweisen. Ich brauche wohl nicht speziell zu erwähnen, dass die stärksten Koalitionspartner solcher Männer immer auch Frauen waren, die ihnen als Komplizinnen den Rücken stärkten und sich dafür schadlos halten konnten. Diese Form von weiblicher Dummheit hatte und hat einen hohen Preis: The shrinking woman – das in Selbstwertgefühl und Autonomie unsäglich geschrumpfte Weib-

chen, das im Schatten ihres Don Juans ein Leben als Epiphyte lebt, abhängig, manipulierbar und zuweilen ganz schön bösartig. Selbsternannte Opferfrauen gehören zum Gefährlichsten, Unberechenbarsten und Manipulierbarsten, was das Patriarchat zu bieten hatte und da und dort auch heute noch hat. Denn gleichsam hatte das weibliche Geschlecht den Ausgleich zu besorgen: wie Klein-Alice in wonderland – viel zu klein für die große, weite und gefährliche Welt – saß sie zwischen den gefährlichen Bienen und Ameisen und wunderte sich, wie es kommen konnte, dass sie zur »incredibly shrinking woman« geworden war: Klein in Selbstbewusstsein, in Selbstachtung und Selbstrespekt war sie allenfalls dazu dressiert worden, dem großen Helden seine Tränen nach verlorenem Kampf gegen den Drachen wegzutupfen. Und ihm aus der Froschperspektive immer und immer wieder zu beteuern, dass er für sie stets der Größte sein würde, ihm mit gespreiztem kleinem Finger sodann sein tägliches Viagra zu reichen und eifrig im Suppentopf zu rühren, wenngleich auch die größten und besten Köche der Welt wiederum männlich zu sein hatten.

Nein, mit weiblicher Unbescheidenheit meine ich etwas ganz anderes: Das sofortige Wachstum des kleinen Däumlings zur großen, weisen und zutiefst weisen Frau, die jede Frau sein kann, wenn sie will. Und diese Größe hat ihre Wurzeln im Kult der großen Göttin, die in alten matriarchalen Zeiten das alte Wissen der Frau um Geburt, Leben-Schenken, Wärme und Verantwortlichkeit, Ethik und Machen-Können verkörperte.

Diese Welt ist noch immer besiedelt von Horden von Alice's. Sie leben überall in goldenen oder eben auch nicht goldenen Käfigen. Und sie sind nicht harmlos. Ihr Mangel an Selbstachtung lässt ihnen keinen Raum für Frauensolidarität, im Gegenteil.

Sie sind es, die nicht selten die größten Feinde starker Frauen sind. Der Sinn des Lebens ist, dem Leben einen Sinn zu geben. Diesen Sinn zu finden, ihn zu materialisieren und hierin Erfolge zu schaffen ist der Sinn, rund 80-mal Weihnachten zu feiern. Alles andere ist Zeit-Ver-

treib. Und die Erfolgsstrategien des 21. Jahrhunderts haben sich zu ihren Gunsten geändert: Keine rücksichtslosen Haifische werden Unternehmen länger zum Erfolg führen und dabei ihr Jagdrevier autistisch motiviert ausreizen können ohne Rücksicht auf Verlust, sondern es werden sozialkompetente, verantwortungsvolle Führungspersönlichkeiten sein, die andere Menschen ebenso zu Gewinnerinnen und Gewinnern machen. Vielleicht sind Sie erstaunt darüber, dass ich auch die Demut zu den Erfolgsstrategien zähle. Sie ist die (leider noch immer seltene) Eigenschaft, die Gewinnerinnen und Gewinner niemals vergessen lässt, dass wir ein flüchtiger Gast auf dieser Erde sind, und dass alles, was inmitten materialistischen Strebens stets nur eine Bilanz zählt: Sie findet auf dem Sterbebett statt, in der größtmöglichen Einsamkeit, die Menschen kennen, und fragt: Welchen Mehrwert, welchen Beitrag hast Du für diese Welt geleistet? Wozu hat es sich gelohnt, dass Du gelebt und Erfolg gehabt hast? Der simple Satz »das letzte Hemd hat keine Taschen« hat durchaus etwas an sich. Mir liegen die Menschen am Herzen, die Erfolg wollen, dafür kämpfen, das Unmögliche ermöglichen, Taten vollbringen, über die sie sich selbst wundern. Ich respektiere Menschen, wenn sie das Leben als Experimentierfeld ihrer eigenen Stärken und Talente betrachten, wenn sie Drehbuch, Regie und DastellerInnen auf ihrer Weltenbühne selbstverantwortlich bestimmen. Ich mag die Menschen, die dieses Leben als Lehrstück betrachten, in welchem sie stets in der Rolle des Lehrlings sind, aus Fehlern Stück um Stück reifen und dabei ein oberstes Ziel haben: Der beste, zuverlässigste, motivierteste und lernbereiteste Lehrling auf Erden zu sein. Und dabei niemals zu vergessen, dass es einen Lehrmeister bzw. eine Lehrmeisterin gibt, der/die als einzige/r weiß, woher wir kommen, wohin wir gehen. Diese Haltung lässt sich vereinbaren mit Unbescheidenheit, Gewinnerblick, Lebenslust und Lifestyle. Sie verhindert, dass wir mit Erfolg nicht umgehen können und uns dabei zum neuen Nabel der Welt erküren, der stets das Meiste wollte und dann das übelste schaffte. Vergessen wir nicht, dass das Wissenszeitalter

aus meiner Sicht eine Sicherung eingebaut hat, die solchen Machtha-
bern den Weg »nach oben« (ich nehme an, dass sich unser hierarchi-
sches Denken und die Polarität von unten und oben direkt an die
kirchliche Terminologie von Gut und Böse anlehnte) künftig verbauen
wird.[49]

Der richtige Fingerprint

> *»Welches sind Ihre USPs –*
> *Ihre einmaligen Fähigkeiten,*
> *welche Sie von anderen Menschen*
> *unterscheiden? Und wie entwickeln*
> *Sie diese zur eigenen Exzellenz?«*

Eine Marke macht aus, dass sie alles Überflüssige weglässt und als
Fingerabdruck, als eigentliche Essenz, als leidenschaftlich präsentes
Unikat Marktpräsenz hält. Das ist stete Arbeit, stetes Reflektieren.
Das heißt Relationship Management, heißt politisches Mapping,
heißt Wachheit im Umgang mit Beziehungen und sehr viel Leiden-
schaft, heißt Kommunikation, Fingerspitzengefühl und Smartheit.
Hier sind einige Hinweise dazu aus der Praxis:

- Authentizität ist das A und O des langfristigen Erfolgs. Ehrlich-
  keit mit sich selber und anderen.
- Leugnen Sie nichts, was zu Ihnen gehört. Selbst unsere Fehler
  und Schwächen können – geben wir sie zu und lieben wir sie als
  Teil von uns selber – plötzlich zu einer Kraft werden, die essen-
  ziell wird.
- Bauen Sie auf Ihre Stärken! C. G. Jung soll angeblich bereits gesagt haben, dass Menschen (und hier wohl besonders Frauen!)
  mehr Angst vor ihren Stärken als vor ihren Schwächen haben.
  Erst wenn wir zu unseren Stärken stehen, auf sie bauen, sie ent-

wickeln und zur Meisterschaft bringen, werden wir überdurchschnittlich, bauen wir den berühmten »competitive advantage« – den Wettbewerbsvorteil – auf.

- Anerkennen Sie, wie gut Sie bereits sind, was Sie alles schon geleistet haben, wozu Sie noch fähig sind!
- Seien Sie ehrlich mit sich selber! Überprüfen Sie kontinuierlich, ob Ihre Wahrnehmung Ihrer selbst tatsächlich auch von anderen so wahrgenommen wird, befragen Sie Ihre Freunde, nehmen Sie sich für eine bestimmte Zeit einen Coach.
- Geben Sie sich die allerbesten Versprechen für die Gegenwart und Zukunft, die Ihnen möglich sind und halten Sie diese schriftlich fest! Arbeiten Sie täglich damit, führen Sie ein Marken-Buch, in das Sie alles hineinschreiben, was Sie täglich über Ihre Marke dazulernen!
- Setzen Sie so hohe Ziele, dass Sie zuerst wachsen müssen, um dahin zu gelangen. Zu kleine Ziele ergeben zu kleine Ergebnisse und fördern und fordern Sie nicht. Ihre Marke muss so groß und inspirierend sein, dass Sie zuerst Quantensprünge der persönlichen Entwicklung machen müssen!
- Verabschieden Sie das Super-Woman-Syndrom und senden Sie es mit den besten Grüßen an die falsch verstandene Frauenemanzipation in den Orkus. Weniger aus einem gebrochenen Herzen heraus, aus Kälte an Liebe mangels Zeit für Herzensdinge und Leidenschaft, als vielmehr aus den Konsequenzen eines falsch verstandenen permanenten Funktionieren-Müssens, Immer-besser-werden-Müssens, Vielfachbelastungen ohne Ruhepause.
- Keine kluge Frau bezahlt den Preis einer falsch verstandenen Emanzipation: Burn-out, innere Agonie, Herzstillstand (auch im übertragenen Sinn!).

Strategie der Stärken

Die Strategie der Stärken zielt auf einige wenige Fragen ab, die weiterhelfen:

- Welches sind Ihre drei größten Stärken?
- Wozu haben Sie diese in die Wiege gelegt bekommen, und was tun Sie im Moment damit?
- Wie können Sie damit Ihren USP entwickeln?
- Welche Weiterentwicklungsschritte unternehmen Sie?
- Wie vermarkten Sie diese Stärken?
- Wie leben Sie diese Stärken täglich am spürbarsten aus?
- Was werden Sie jetzt gleich unternehmen, um Ihren Stärken ein »welcome« zu bieten?

Zum authentischen Self-Marketing gehört aber auch, zu spüren und zu erkennen, wann der Zeitpunkt zum Weitergehen gekommen ist. Wer nicht weiß, wann es Zeit ist, weiterzugehen, wird zurückgeworfen. Und wer nicht spürt, welche Entwicklungen nötig sind, um weiterzukommen, hat keinen Zukunftsanschluss. Unternehmerisches Denken und Handeln ist immer richtig: Märkte sind permanent im Umbruch, Kundinnen und Kunden wehrhaft, das Umfeld in- und extern ist wach, engmaschig informiert, kontrollierend und – korrigierend. Jede Bewegung wird registriert, Wachheit ist ein Must, und Leistung muss sichtbar gemacht und verkauft werden. Jeden Moment und immer im Einklang mit kulturverträglichen Portionen.

Gefühl für Maße und Gewichte

Es ist wichtig, dass Frauen ein Gefühl für Märkte und Bedürfnisse entwickeln, was nur dank ausgezeichnetem Wissens- und Informationsstand möglich ist. Politik und Wirtschaft, Gesellschaft und gesellschaftsrelevante Entwicklungen bestimmen Befindlichkeiten und Bedürfnisse. Frauen müssen mittendrin stehen und gleichsam Distanz halten. Zum einen, um Empathie zu üben, zum anderen, um die Analyse der Entwicklungen mit dem nötigen Abstand zu prästieren.

Self-Marketing ist eine Kunstform. Sie kann bedingt gelernt und geübt werden. Und sie hat viel zu tun mit weiblichem Geschick, Zusammenhänge zu sehen, sich zu vernetzen, Wesentliches von Unwesentlichem zu unterscheiden und in Prioritäten und breitem Sensorium proaktiv die Zukunft zu gestalten.

Am einfachsten geht das, wenn sich Frauen einen internen Mentor suchen, der ihnen das Maß der eigenen Marketingstrategie austariert, Türen und Tore zu Netzwerken und Marketing öffnet und Rückhalt gibt, wenn es harzt. Mentoren können Frauen und Männer sein, vorausgesetzt, sie sind sich der Diversity-Thematik bewusst genug und verfügen über den Willen, Macht zu teilen, eine Frau auch in die ungeschriebenen Regeln des Betriebs einzuführen und sich als ihr Fürsprecher zu geben.[50]

Gravitas und Rhetorik-Auftritt: Dos and Don'ts

Die Klarheit mit sich selbst erst schafft ein klares Image. Innen muss sein, was außen abgebildet wird. Mit diesem Kapital lässt sich auch selbstbewusst präsentieren, sprechen, diskutieren und auftreten. Nicht-Angelerntes wird überzeugen. Authentisches Sein mit dem Wissen und Beherrschen rhetorischer Mittel, Sprachbeherrschung (Commitment-Sprache), der Spracheinsatz zur Etablierung von Hierarchie und Erweiterung von Territorium, die Gravitas der eigenen Persönlichkeit sowie die Klarheit der eigenen Stärken, der eigenen Marke und politischer Instrumente: Dies alles schafft eine gelungene Visibilität.

Nach vielen Referaten und Präsentationen kennen wir die elementarsten Erfolgspunkte, mit denen auch Frauen einen gelungenen Auftritt hinlegen. Einige davon, in Kombination mit jenen von Jeff Haden[51] möchte ich hier kurz vorstellen, weil sie zu den häufigsten Punkten gehören, über die Frauen stolpern:

Machen Sie den Soundcheck vorher. Alles muss sitzen, wenn Sie die »Bühne« betreten.

Absolutes No-Go: »Können Sie mich hören?« oder ein Starten ohne bzw. mit störendem Mikrofon.

Die ersten Sätze sind matchentscheidend!

Vermeiden Sie Sätze wie »Wie Sie gerade gehört haben«/»Eigentlich ist alles schon gesagt«/»Ich halte mich kurz«/»Es tut mir leid, dass…« Starten Sie Ihre Präsentationen mit einem Zitat/einer feurigen These/einer unerwarteten Begrüßung/ mit einer Geschichte und immer: bestens vorbereitet und geübt! Die ersten Sätze bilden das Urteil über Ihren Auftritt!

Direkte Beziehung mit dem Publikum aufnehmen.

Ob in Sitzungen, in Diskussionen, ob an Präsentationen vor einem Publikum, auf dem Podium oder einem Keynote: Wichtig ist die Beziehung, die Sie mit den Anwesenden aufnehmen. Blickkontakt, ein Zulächeln, das Einfangen der Blicke in den hintersten Reihen, das Einfühlen in die Menschen, die Ihnen zuhören, das klare Bild der eigenen Botschaften, die Sie anbringen wollen: Dies und mehr schafft Beziehung. Das braucht auch Mut. Viele Frauen können hier lernen, mit Blick und Präsenz ihr Selbstvertrauen zu trainieren, Kritik auszuhalten, auf dem Podium zu bestehen auch bei schwierigen Diskussionen. Je mehr Übung, je mehr Gewandtheit. Auch das Lampenfieber wird sich mit zunehmender Praxis verringern.

Sich selber gut einführen.

Ein gediegenes Maß an Selbstpositionierung in eigenen Statements und Beispielen ist zweckdienlich. In ein oder zwei Sätzen die eigene Expertise vorstellen, exemplifizieren oder erläutern.

Die eigene Auffindbarkeit jederzeit sichtbar machen.
Nicht erst am Ende der Slide Show die eigenen Kontaktdaten darstellen, sondern diese in einem Open Screen für einige Zeit stehen lassen.

Real Stories mit dem Publikum teilen.
Menschen mögen Geschichten. Selbst komplexe Zusammenhänge lassen sich besser verkaufen in Geschichten, Beispielen, in Bildern, Metaphern oder in Zitaten.

Unterhaltung/Infotainment gehört zur Präsentation.
Menschen schenken Ihnen ihre Zeit und Aufmerksamkeit. Dafür erwarten Sie nicht nur Informationen, sondern Professionalität und einen guten Unterhaltungswert. Die professionellste Präsentation wird niemals so gut ankommen wie dieselbe in intelligentes Entertainment verpackt.

Redezeit strikte einhalten.
Noch besser ist es, so effizient und gekonnt zu präsentieren, dass noch Zeit für Fragen aus dem Publikum bleibt. Je mehr Fragen sind, desto besser wird die Präsentation in Erinnerung bleiben und prägen.

Etwas anbieten, das sofort umsetzbar ist.
Damit bilden Sie die Brücke zum Alltag, zur eigenen Realität und schaffen sofortigen Mehrwert. Inspiration und praktikable »Takeaways« werden sehr geschätzt und umgesetzt.

Redundanzen sind zielführend.
In Wirklichkeit nehmen wir nur etwa 30 Prozent des Gesagten in Präsentationen auf und setzen es um. Deswegen ist es zielführend, die Ihnen wichtigsten Messages und Fakten zu wiederholen. Ge-

nauso sinnvoll ist es, am Ende der Ausführungen die Keypoints zu resümieren und die Kernbotschaft in zwei bis drei Kernaussagen nochmals markig und klar zusammenzufassen.

Der Durchschnitt auch redundanter Botschaften liegt bei maximal zwei bis drei »Take-aways« der Statements; damit diese erreichbar sind, müssen die Präsentationen simpel, übersichtlich und »entschlackt« auf allen »Kanälen« transportiert werden. Die Visualisierung zusammen mit dem markanten gesprochenen Wort ist effizienter als reine Rhetorik.

Commitment-Sprache sprechen.
Je klarer Ihr Sprechen, je prägnanter die Wirkung.

Mit offenen Fragen führen.
Nicht derjenige dominiert die Runde, der am meisten Antworten weiß, sondern jener, der die intelligentesten Fragen stellt. Und genau dies ist eine weibliche Spezialität, die – in Verbund mit der Zusammenfassung der Ergebnisse – zur Leadership der Runde führt.

Beantworten Sie die Publikumsfragen präzise!
Lassen Sie auch Kritik gelten. Gehen Sie auf die Beiträge pointiert und präzise ein. Geben Sie dem Publikum Raum und Zeit zu Redebeiträgen und Fragen, Sie hatten bereits Ihre Zeit dazu!

Der Schluss des Beitrags ist so entscheidend wie der Anfang.
Ist Ihr Beitrag gut vorbereitet, geübt und mit Humor, einem Zitat, einer Geschichte transportiert – soll Sie der Applaus zum Platz begleiten.

Präsenz nach dem offiziellen Teil.
Nichts stört mich mehr als weibliche und männliche Referenten, Präsentatoren, Podiumsteilnehmer und Diskussionsleiter, die sofort

nach dem offiziellen Teil verschwinden. Denn jetzt kann die Beziehung vertieft werden, kann ein Relationship-Management initialisiert, können Akquisition und Networking Früchte tragen.

Das Lied des weiblichen Erfolgs

»Moderner Minnesänger im Management
singt das Lied seines Erfolgs –
und wir müssen auch unsere
weiblichen Heldengeschichten
verkaufen!«

Am Ende des Kapitels füge ich nochmals ein Interview mit einer Managerin an, von der auch das vorhergehende Zitat stammt. Ihr sind 500 Mitarbeitenden unterstellt. Ihr Geschäftsbereich umfasst rund 150 Millionen Umsatz pro Jahr. Claudia G. ist 40 Jahre alt. Erfolgreich, humorvoll, klug. Die Essentials fasse ich hier zusammen.

Wie machen Frauen Karriere? Was sind die Dos and Don'ts für ihren Aufstieg nach ganz oben?
Frauen können lernen, Leistungskultur als Wettbewerb und weniger als Kampf zu sehen.

»Frauen müssen wollen. Das Können ist meist nicht das Thema; der Stolperstein liegt im Wollen. Während Frauen aus dem Spitzensport dies in der Regel intus haben – empirische Studien zeigen das –, hapert es bei vielen anderen Frauen: Sie verstehen unsere generelle Topleistungskultur als Kampf, während Männer in der Regel diese Kultur als Wettbewerb sehen, den sie gerne spielen. Männer messen sich, sie suchen die Herausforderung, stellen sich dar und spielen eben damit; Frauen müssen lernen, alles mehr als lustvollen

Wettbewerb zu sehen, als Spiel der Kräfte und weniger als todernste Kampfsituation.«

Frauen sollten bilingual werden.

»Frauen müssen nicht nur die Sprache der Frau sprechen, sondern auch die Sprache der Männer und deren Signale lernen. Das sind auch ganz kleine symbolische Dinge wie das Übersetzen von Statussymbolen, angefangen von der Uhr bis zur Krawatte. Die müssen Frauen deuten lernen. Die Sitzordnung in Meetings gehört ebenfalls dazu, sie signalisiert Rangordnung. Hierarchie. Jede Frau muss sich die Frage stellen, wo der ›Silberrücken‹ sitzt und wo ihr Platz ist: Wo sitze ich, wo ist mein Platz. Bin ich der Silberrücken oder setze ich mich zu ihm hin?«

Frauen können sich entscheiden, Handwerkszeug und Techniken zu lernen, um auch mit männlichen Ritualen umzugehen.

»Ganz wichtig scheint mir, dass sich Frauen NICHT zurückziehen, wenn sie sich übergangen fühlen. Immer wieder sehe ich, wie sie sich über männliche Hierarchierituale, über männliche »Pfauenräder« nerven. Sie ziehen sich dann zurück, statt mitzumachen und sind nicht selten aus dem Spiel raus.

Frauen müssen begreifen, dass Männer dieses Verhalten brauchen, um sich selber gut zu fühlen. Dies sollten Frauen nicht verurteilen, sondern geschehen lassen. Sie müssen das Spiel nicht zwingend mitspielen, aber dann – zum richtigen Zeitpunkt – sollten sie die Zügel in die Hand nehmen und es selber spielen. Und das mit breiter Klaviatur. Frauen müssen verschiedene Melodien spielen können. Das reicht von sehr charmant sein – damit geht sehr viel – bis hin zu gezieltem Hinterfragen und viel Verständnis. Es muss auch klar werden, dass ihr bestimmte Dinge sehr wichtig sind. Hier folgt dann die männliche Klaviatur: Stimme tiefer, Stimme langsamer, aufstehen, sich Gehör verschaffen, eine klare Sprache sprechen, mit lauter Stimme auch redundant sein, niemals aber leise und unsichtbar bleiben.

In einer Diskussion mit anderen Frauen habe ich eine interessante Beobachtung gemacht. In einem Netzwerk arrivierter Frauen diskutierten wir, wie Unternehmen mit den Wirtschaftskrisen umgehen. Die Diskussion war heftig, kontrovers, breit und international abgestützt und dauerte schon ziemlich lange. Da machte uns eine Frau klar, wie faszinierend anders wir Frauen auch in hitzigen Debatten diskutieren: Wir sprachen kaum in Monologen, wir unterbrachen praktisch nie, gingen aufeinander ein. Eine weibliche Diskussionskultur ist komplett anders als eine männliche. Und das Schöne ist, dass wir diese Kultur nicht verlernt haben, obwohl wir alle seit Jahrzehnten in männlichen Kulturen arbeiten und uns durchgeboxt haben.

Wir können beides. Männlich und weiblich kommunizieren! Wir haben uns die eigene, weibliche Diskussionsform bewahrt und die männliche Version dazugelernt – wir können eben beides. Dabei will ich auch erwähnen, dass es immer wieder Kunden-Feedbacks sind, die uns Frauen attestieren, in Projektmeetings effizienter zu sein, sachlicher, auf den Punkt kommend, zielorientierter.«

Er singt das Lied des eigenen Erfolgs an jedem einzelnen Meeting von Neuem.

»Gerne auch unter dem Fenster der Frau und noch lieber unter jenem seiner Mit-Wettbewerber. Dies ist ein männliches Verhalten, das wir einfach akzeptieren sollten. Es ist in Ordnung, wir müssen das als Teil des Machtrituals anerkennen und tolerieren. Aber dann dürfen wir – weibliche Melodie – auch einmal einen Punkt setzen und klar machen, wann der Minnesang vorbei ist. Maß und richtiger Zeitpunkt sind eine Frage des Gefühls. Und – notabene – es ist immer auch eine Frage des Stils, ob und wann die Frau sich dann auch kurz und klar selber vermarktet, selber positioniert mit ihren weiblichen Heldengeschichten, um Teil des Ganzen zu sein. Weibliche Heldengeschichten lassen sich übrigens auch informell gut verkaufen, das kann an der Kaffeemaschine oder an anderen Orten der Begegnung sein; stimmen muss es. Dies und mehr ist ›Technik‹. Sie muss von Frauen gelernt und verfeinert werden.«

Frauen dürfen sich auch in Machtgrößen vorstellen.

»Ganz wichtig: Wenn sich Frauen vorstellen, müssen sie dies auch in männlicher Form tun: sich vorstellen über ihre Bereichsgröße, die sie leiten, in Zahlen ihres Jahresumsatzes, in Zahlen mit der Anzahl Mitarbeitenden, in Kundenprojekten, Erfolgsgrößen.

Kürzlich baten wir die anwesenden Frauen am Anfang einer Vorstellungsrunde, nachdem sie sich ganz freundlich und charmant mit Understatement präsentiert hatten, doch in Zahlen auszudrücken, welche Verantwortung sie tragen. Sie taten dies anschließend. Zurück blieb eine männliche Teilnehmergruppe, die höchst beeindruckt war davon, was für eine enorme weibliche Power im gleichen Raum mit ihnen saß. Das ist Self-Marketing, das ist status-relevant. Hier müssen Frauen zulegen.«

Männer sind komplett überfordert, wenn es darum geht, Frauen zu verstehen.

»Es ist einfach unglaublich wichtig, dass wir Frauen, noch immer einer kleineren Gruppe zugehörig, die Sprache und die feinen Töne unseres männlichen Gegenübers lernen und gekonnt handhaben. Bei Kunden geschieht das schon. Doch auch intern muss das gehen. Wir können nur aufeinander zugehen, beide, Frau und Mann.«

Erfolg ist eine Kombination von Leistung und Sichtbarmachung. Frauen dürfen Zweiteres deutlich verbessern!

Auch Frauen müssen Heldengeschichten erzählen, allerdings informell und zwischen den Zeilen. Ohne die »Technik« des Imaging erfolgt kaum Hierarchiebildung.

Erfolgsrelevant ist die Formel für Self-Marketing, die auf der Würde, der Gravitas, der respektvollen, authentischen und natürlich autoritären Persönlichkeit der Frau aufbaut. Nichts ist künstlich, alles ist echt: auch emotionale Reaktionen, auch weibliche Emotionalität, weibliche Fragen, Antworten, Einwände, Gedanken.

»Frauen können lernen, Leistungskultur als Wettbewerb und weniger als Kampf zu sehen.«

Die Kunst des Self-Marketing ist eine Kunst, das eigene weibliche Licht nicht unnatürlich und opferhaltig immer wieder unter den Scheffel zu stellen. Der Lehrmeister Mann – in seiner oft etwas einfachen und überzeichneten Form – dient als Role Model, von dem aus jede Frau ihre eigene Kontur ziehen kann.

Damit punkten Frauen:
»Eigene Stärken gezielt einsetzen.
Keine Angst/weniger Respekt vor starken Führungsmännern haben.
Sich als professioneller Partner positionieren.
Es nicht allen recht machen wollen.
Fehler machen und lernen.«

Nachwort

Fassen wir am Ende dieses Buches nochmals die wichtigsten Punkte zusammen.

Im Kampfmodus hat Feminität keine Chance. Aber ohne sie können Frauen nicht nach ganz oben durchstarten. Es wird ein wesentlicher Teil ihrer Authentizität fehlen, auch das, was sie im Innersten von all den Männern unterscheidet und – wertvoll macht. Feminität ist DIE Essenz, der USP, die Kraft, die den Mehrwert einer Frau an der Spitze von Wirtschaft und Politik ausmacht. Frauen haben viel zu sagen. Doch sie werden zu wenig gehört. Weil sie sich zu oft weigern, die männlichen Instrumente des Self-Marketing, der politischen Führung, der Visibilität und der Macht zu lernen. Frauen haben viele Instrumente und können lernen, diese einzusetzen, um gehört zu werden. Um Karriere zu machen. Um respektiert und anerkannt zu werden. Um erkannt zu werden in ihrem Potenzial. Das Schweigen der Frauen ist ein beklagenswertes Understatement großer Talente, die wir brauchen.

Anders-Sein, Denken, Handeln, Werten und Fragen: Das und mehr basiert auf der These, dass Frauen für die Zukunftserhaltung unseres Planeten eine elementar wichtige Rolle innehaben. Frauen dürfen – ja müssen sogar – diese Verantwortung viel mutiger wahrnehmen. Quantitativ – um relevante Normen zu verändern – müssen sie zulegen, um eine kritische Größe zu erreichen. Qualitativ dürfen sie – so die berührenden und nachdenklich stimmenden Zitate männlicher Interviewpartner – viel selbstverständlicher, entspannter mit der eigenen Weiblichkeit im Unternehmen umgehen, sie sollen an sich selber glauben, an ihr weibliches Anders-Sein und den Mut entwickeln, sich in ihrer Feminität in allen Facetten – Denken, Sprache, Reaktion, Fragen, Handeln, Auftritt, Ästhetik – ganz deutlich zu erkennen zu geben. Und – auch eine Einsicht – sie sollen dahin gelangen, wo Manager, nach einzelnen Aussagen, oft wohl schon sind: nämlich bei der Akzeptanz als weiblicher Chef, anders führend, inmitten der Macht, als weibliche Vorgesetzte und Frau. Das Ende der weiblichen Mutlosigkeit fordert ein CEO. Ein anderer lädt Frauen ein, ihre Feminität zu zelebrieren, innerlich und äußerlich und jede Angepasstheit an männliche Normen zu beenden. Frauen wollen sie, die Männer, keine männlichen Imitate. Diese Frauen werden gesucht und geschätzt, so ein Gesprächspartner.

Damit Frauen dies schaffen, gehört das Self-Marketing dazu. Aber auch politisch geschicktes Verhandeln und Handeln, Netzwerkarbeit und erhöhte Visibilität. Klar ist, dass Leistung per se ohne aktives Mittun am Spiel des männlichen Wettbewerbs genauso zum Scheitern verurteilt ist wie Humorlosigkeit und Verbissenheit. Männer helfen Frauen gerne, aber nur unter Einhaltung ihrer eigenen informellen Spielregeln – auch hierzu gibt es viele eindrückliche Beispiele aus Gesprächen.

Und ganz wichtig: Frauen müssen Männern eine Gebrauchsanweisung liefern, besonders jenen Männern, die in ihrem einfachen Strickmuster Frauen in ihrer Komplexität wohl nie verstehen und lesen können.

Wenn Frauen lernen, sich als Frau und damit einzigartig, unique, elementar wichtig und selbstbewusst in die tägliche Führungsarbeit einzubringen, wenn sie lernen, authentisch »anders« zu sein, dies auch auszuleben und zu genießen. Und wenn sie sich immer und immer wieder als Frau erklären, dann kann die Endlosspirale der angepassten, selbst- und grenzenlos leistenden Managerin gestoppt werden.

Im Kampfmodus lässt sich für Frauen kaum Karriereglück gewinnen. Sie verliert. Sich selbst. Frauen dürfen sich nun entscheiden, keinen Kampf mehr zu wollen. Keine Gegner zu sehen. Sich selbst Raum zu geben für Beziehungen. Für eine Karriere ganz nach dem Gusto einer Frau, die zudem auch leben will. Mit Zeitqualität, mit Herz und Seele, mit weiblicher Hand und Weisheit führend. Und mit ihren Werten, an die sie glaubt.

Diese Welt wird von Frauen lebbar gemacht. Von ihren unzähligen liebevollen und wertgenerierenden Arbeiten. Allein das muss schon genügen, um unverkrampft, authentisch und feminin nach oben zu gelangen und – die Zukunft der Unternehmen weiblich zu prägen und Hand in Hand mit intelligenten Männern Heterogenität zum Erfolgsfaktor zu entwickeln. Auch die Männer dazu gibt es schon. Noch nie waren die Winde günstiger. Lasst uns aufbrechen.

Anmerkungen

1 Köhler, Andrea. »Coachen oder Kuscheln?«, in: Neue Zürcher Zeitung, 28.10.2013.
2 Ebenda.
3 Ebenda.
4 Zitiert aus: Miles, Rosalind. Weltgeschichte der Frau. Düsseldorf, Wien, New York, Econ, 1990, S. 60.
5 Buchhorn, Eva. »Karrierefrauen. Nichts wie raus«, in: Spiegel Online, 29.8.2011.
6 Auszug aus dem Beitrag: Flynn, Jill; Heath, Kathryn; Holt Mary Davis. »Six Paradoxes Women Leaders Face in 2013«, in: Harvard Business Review, 3.1.2013.

»**1. The Pay Paradox.** According to the latest figures, women are better educated than ever, earning almost 60 percent of all college degrees. Yet, we are paid 23 percent less than men on average. Some of the gap can be attributed to career choice: more women than men choose to go into teaching and social work, for example, which pay less relative to ›male‹ professions such as finance and technology. But career choice does not fully explain The Pay Paradox. An analysis of full-time workers 10 years out of college, for instance, found a 12 percent difference in earnings that was entirely unexplained by choice of profession. The bottom line is that progress in wage equity has hit a wall.

2. The Double-Bind Paradox. Women must project gravitas in order to advance at work, yet they also need to retain their ›feminine mystique‹ in order to be liked. Perhaps surprisingly, of all the stereotypes that women encounter, this is the one that most women tell us about in coaching situations. Research by Catalyst confirms that gender stereotypes make it difficult for female leaders to feel comfortable taking a commanding stance because they are perceived as *either* competent *or* liked – but rarely both. As Forbes recently noted, «Studies show that assertive women are more likely to be perceived as aggressive; that women usually don't ask for what they deserve but when they do, they risk being branded as domineering or, worse even, ›ambitious‹. These are the double-bind dilemmas that we as a society need to banish before women can contribute fully within organizations.

3. The Promotion Paradox. It is as plain as day that women are equally qualified to lead in terms of skill and talent, yet we capture far fewer job slots at the top. Only four percent of the CEOs in Fortune's top 1,000 companies are female and less than 20 percent of Congress is female. Even worse, progress has been relatively flat over the past several years. This is a sticky wicket because there are a dozen different ways to explain this sad situation and each one rings true to some extent: Women are less aggressive than men in stepping up to ask for the big jobs they want. Men at the top are more likely to pull other men up by their collars into the C-suite to join them. Women have fewer leadership role models and they arguably have greater demands outside of work competing for their attention.

Regardless of whether the mitigating factor is discrimination, the leadership pipeline, society, or something altogether different, the extreme disparity of women versus men at the highest levels provides fuel for many of us to push harder. Unfortunately, it also leads many of us wonder if the struggle for career parity is truly worth it. The effect is that the pool of qualified female candidates for top jobs gets smaller when the best women leave to raise families or pursue part-time work or other endeavors.

4. The Networking Paradox. Women are consummate relationship builders, yet we don't use our contacts to get ourselves promoted. The women we coach say that time spent networking with each other leaves them feeling renewed. It gives them the strength to face the day, the next meeting, or the next crisis. Social exchange not only grounds women but it also allows them to share information and solutions to the common problems they face. Yet, our strong social networks also represent a tremendous, untapped opportunity. Men network in a much more transactional way – they exchange business ideas and establish a quid pro quo of career favors. They actively seek out sponsors and they ask for jobs. For women, networking is largely social. We are not as effective as men at using our strong networks to advance our careers. Women spend more time interacting with each other, yet we fail to ask for favors. In short, we hesitate to trade on our relationships because it feels crass. What this means for 2013 is that women have a huge opportunity to convert their connections into career advancement.

5. The Start Up Paradox. Women make great entrepreneurs, yet we have a tougher time getting VC backing. A 2012 analysis by Dow Jones Venture Source shows that women launch nearly half of all startups and the most successful startups have more women in senior positions than unsuccessful ones. Yet, despite these findings, less than seven percent of executives at the 20,000 companies in the Dow Jones study were women. This tells us that the gender gap is even more pronounced in venture-funded start-ups than in corporate America. This points to the scarcity of women pursuing careers in technology and science, as well as the need for venture firms to wake up and acknowledge the leadership potential of female entrepreneurs.

6. The Careful-What-You-Wish-For Paradox. Women have more opportunities to work today, yet they are opting-out in high numbers. It has been nearly a decade since Lisa Belkin's article ›The Opt-Out Revolution‹ made headlines in 2003, yet recent statistics illustrate that more women than ever aspire to walk away from work to stay home full-time to raise children. This paradox underscores the reality that women today still feel pressure to have it all and can become stressed and discouraged when that dream is revealed to be impossible. All women (and many men) feel the pressure from conflicting priorities, yet when good women leave work it is organizations that suffer the most. Study after study proves that companies with more women board members perform better.

(…) Easing into the New Year, one big hope we have for 2013 is that women continue to bridge the gender gap in terms of pay equality and access to leadership positions. So much of the news was good last year: women were better educated than ever, we continued to claim coveted CEO roles at companies such as IBM and Yahoo, and one study even reported that women were the primary breadwinners in a majority of households in the US. That sounds like progress. Yet, in order to clear a path for greater advancement and parity in 2013, we need to address the difficult paradoxes that women leaders continue to face – these are the mixed messages and uncomfortable realities that complicate an arguably positive picture of progress.

These paradoxes are important to address for a great many reasons – fairness being the most obvious. But even beyond creating a fair and just system that allows more women into the leadership pipeline, the practical problem created by mixed messages is that it robs women of confidence and squashes their desire to jump into the fray and become leaders. The world needs the best qualified women to step up to the plate, and women need to be able to weave their way through these most difficult of challenges.

Yet, the fact is that these paradoxes are not going to disappear in a year. What, then, is the solution in the short terms? The women we coach who manage to sustain and fuel their ambition amid so many mixed messages use two tools.

First, they remain true to their own leadership style. The skills that many women bring to business naturally – a collaborative style, a talent for listening, and a natural ability to manage interpersonal relationships – are some of the aptitudes that all leaders need now and in the future. Women don't need to imitate men in order to be persuasive and authoritative, they simply need to be authentic. Second, we coach women to have their own definition of success. The reality is that, historically, men have been the ones to define ambition – and so that leaves it to women to redefine it for themselves in 2013. When we ask women what ambition looks like to them it runs the gamut, from becoming the CEO to leaving the corporate ladder behind altogether to start a small business. If ambition leads one woman to Wall Street it may lead another to Silicon Valley. Who is to say which of these endeavors will require more ambition or have more impact? These paradoxes and others mean different things to different people. What did they mean to you this year?«

7 Haefliger, Michael. Intendant des Lucerne Festival, zitiert in: Der Tagesspiegel, Kultur, 29.1.2014. In Luzern war Claudio Abbado am 26. August 2013 zum letzten Mal aufgetreten.

8 Vgl. Ibarra, Herminia, zitiert in: Dierke, Kai W.; Houben, Anke. »Frauen im Management. Die Vorurteilsfalle«, in: Harvard Business Manager, 23.9.2013. »Frauen können es. Eine Vielzahl von Studien beweist, dass Frauen in Unternehmen kompetent führen. Ebenso wahr ist, dass sich Unternehmen bemühen; viele haben Diversity-Programme gestartet, erste bescheidene Erfolge sind sichtbar. Nach dieser Startphase verdient heute eine tief greifendere Frage Aufmerksamkeit: Was muss getan werden, um gemischte Führungsteams zum Erfolg zu führen – und damit Diversity wirklich als Wettbewerbsvorteil zu nutzen?

1. Vorurteil: Frauen fehlt die Härte für das Geschäft Zu oft enden Frauen-karrieren in sogenannten Pink Ghettos, in Führungspositionen in Personalwesen, Kommunikation, Recht und anderen unterstützenden Bereichen. In den harten Business-Funktionen (wie Finanzen, Vertrieb, Produktion, Einkauf) nimmt der Anteil von Frauen laut einer aktuellen McKinsey-Studie deutlich ab. Die entscheidenden Aufgaben bleiben den männlichen Führungskräften vorbehalten – mit fatalen Folgen. Denn so verhärten sich die althergebrachten Vorurteile, dass weibliche Top-Führungskräfte nicht auf Augenhöhe mit ihren männlichen Kollegen agieren. Die Forderung ›Mehr Frauen in die Führung‹ greift damit zu kurz. Solange Frauen nicht auch herausragende Verantwortung im Kerngeschäft tragen, wird der Blick auf die bloße Zahl zum Bumerang für Frauen und Unternehmen.

2. Vorurteil: Frauen setzen zu sehr auf Konsens Alpha-Frauen sind anders erfolgreich als Alpha-Männer – sie haben andere Führungsmodelle. Unsere Erfahrung aus den Unternehmen zeigt: Frauen vertreten ihre inhaltliche Position ebenso ambitioniert und konsequent wie Männer, aber sie setzen eher auf Überzeugung und Konsenslösungen als auf Dominanz. Durch ihre Sensibilität für die emotionale Sichtweise vermeintlich rationaler Fragestellungen suchen sie eher die Zusammenarbeit und arbeiten auch hinter den Kulissen an akzeptablen Win-win-Lösungen. Frauen entfalten damit in ihrer Führungsarbeit auf andere Weise Wirkung als Männer: Sie bringen neben klassischen Management-Kompetenzen genau jene emotionale Intelligenz in die Top-Etage ein, die bislang häufig fehlt. Denn emotionale Intelligenz nimmt in der Unternehmenshierarchie von unten nach oben ab. Damit mangelt sie genau dort, wo sie im Zeitalter von Netzwerk- und Matrixorganisationen am nötigsten wäre – im Team an der Spitze. Die Managementforscher Bradberry und Grieves lieferten bereits 2007 diesen ernüchternden Befund. Die Fähigkeit von Frauen zu emotionaler Intelligenz – derzeit noch zu oft als Schwäche ausgelegt – ist also tatsächlich ein Gewinn für jedes Top-Team.

3. Vorurteil: Frauen sind zu weiblich – oder zu männlich Frauen können nicht gewinnen. Treten Frauen ausgleichend und integrierend auf, gelten sie als schwache Führungskräfte. Sind sie selbstbewusst und dominant, wird ihnen schnell Arroganz oder Aggressivität unterstellt. Frauen werden nicht in ihren Fähigkeiten sui generis akzeptiert, sondern zu oft an männlichen Führungsidealen gemessen. Die Macht verdeckter, häufig unbewusster Vorurteile gegen weibliche Führungskräfte können wir immer wieder in Vorstandssitzungen beobachten: Dort werden die Beiträge einer Kollegin schlicht nicht gehört oder unkommentiert gelassen – die gleichen Argumente eines männlichen Kollegen später dankbar aufgenommen und weiterentwickelt. Dort werden latente Konflikte im Team von Frauen mutig angesprochen – und von männlichen Kollegen abgeblockt, wegdiskutiert oder am liebsten auf rationale Fragen umgeleitet. Keiner ist vor diesen alltäglichen Verhaltensmustern sicher, die dem gleichberechtigten Umgang im Wege stehen.«

9 Ebenda.
10 Ebenda.

11 Ebenda.

12 Na. presseportal. Rechercheplattform von News aktuell, 15.5.2013. Studie April 2013 zum Thema »Topmanager-Qualitäten« mit 1000 Bürger/innen in Deutschland ab 18 Jahren. Die Resultate wurden bevölkerungsrepräsentativ hochgerechnet.

13 Ebenda.

14 Unter anderem zitiert aus: Tages-Anzeiger Wirtschaft, 17.7.2008; dies erklärte sie im Frühjahr dem Wirtschaftsmagazin Portfolio, das ihr eine große Geschichte widmete und sie für die konservative Welt an der Wallstreet in ungewöhnlich femininen Kleidern ins Bild rückte.

15 Rubin, Harriet. Machiavelli für Frauen. Strategie und Taktik im Kampf der Geschlechter. Frankfurt am Main, 1998, S. 146.

16 Ebenda., S. 148 f.

17 Khalsa, Mahan; Illig, Randy. Let's get real or let's not play: Transforming the Buyer/Seller Relationship. New York, 2008. Eines der Impuls gebenden Bücher zum Thema Authentizität, Beziehungsmanagement und Sales-Erfolge.

18 Mitscherlich, Margarete. Die Zukunft ist weiblich. Piper, 1997.

19 Margarete Mitscherlich-Nielsen, in: EMMA 2/2001.

20 Löbbert, Sonja. Das Zeitalter der Frau. Die Führungskultur der Zukunft ist weiblich. München, 2008.

21 Ebenda.

22 Buholzer, Sonja A., Frauenzeit. Erfolgsstrategien für Gewinnerinnen. Zürich, 2000, 204 ff.

23 »Women really do have to be at least twice as good as men to succeed«: Dies ist die Überschrift einer Publikation mit dem Obertitel »Shameful«: Eine Studie vom Mai 1997 in »The Economist/Science and Technology« händigte mir die Universität Zürich kürzlich aus und machte mich damit sehr nachdenklich: Es wird oft darüber gelächelt, dass eine Frau mindestens doppelt so gut wie ein Mann sein müsse, um dieselben Karrierechancen zu haben. Erstmals wurde nun eine Studie gemacht, die belegt, dass dieses »mindestens« tatsächlich der Faktor 2,5 ist! An der Gothenburg University in Schweden belegten zwei Wissenschaftler, was viele graduate Student/innen und Postdoctoral Fellows lange schon vermutet haben: In einer breit angelegten Recherche erhärteten Dr. Wenners und Dr. Wold anhand von 114 Bewerbungen und insgesamt neun Analysefaktoren für die 20 offenen postdoctoral fellowships die Auswahlkriterien innerhalb ihrer Universität. Sie fanden heraus, dass weibliche Bewerber durchschnittlich 2,5-mal so viele Publikationen und damit 3-mal so viele wie ihre männlichen Mitbewerber aufweisen mussten, um angenommen zu werden. Die Wissenschaftler halten fest, dass das Hauptkriterium für die Wahl darin bestand, sowohl männlich zu sein als auch jemanden im Reviewing Commitee zu kennen.
Es gilt festzuhalten, dass es sich zwar nur um eine Studie eines Landes handelt, doch ist es die erste Studie dieser Art und stammt von einem Land (Schweden), das im Bereich der Gleichstellung von Frau und Mann als fortschrittlich gilt.

24 Vgl. zum Gehirnbau bei Frauen und Männern auch den Artikel vom 6.12.2013 in: Frankfurter Allgemeine, Dossier Wissen, 17.1.2014:
»Die Hirne von Männern und Frauen sind offenbar deutlich verschieden verdrahtet. Während es in weiten Teilen des weiblichen Gehirns viele Kontakte zwischen den beiden Hirnhälften gibt, bestehen bei Männern mehr Verknüpfungen innerhalb der Gehirnhälften, berichten amerikanische Forscher in den ›Proceedings‹ der amerikanischen Nationalen Akademie der Wissenschaften (doi/10.1073/pnas.1316909110). Die anatomischen Unterschiede könnten die oft beschriebenen unterschiedlichen Fähigkeiten von Männern und Frauen erklären. So könnten Männer dank ihrer Hirnarchitektur ihre Wahrnehmungen besser in koordinierte Handlungen umsetzen und sind motorisch begabter, Frauen hingegen können analytische und intuitive Informationen besser miteinander verbinden, sind sozial intelligenter und haben ein besseres Erinnerungsvermögen, schreiben die Forscher. Die Gruppe um Madhura Ingalhikar und Ragini Verma von der University of Pennsylvania in Philadelphia hatten die Verbindungen innerhalb des Gehirns mit der Diffusions-Tensor-Bildgebung untersucht. Dabei können über die Bewegungen von Wassermolekülen Rückschlüsse auf den Verlauf der Nervenfasern gezogen werden. Sie wendeten das Verfahren bei 950 Kindern, Jugendlichen und jungen Erwachsenen zwischen 8 und 22 Jahren an. Für die Auswertung unterteilten die Forscher das Gehirn in 95 Unterbereiche. (...) Die Untersuchung ergab, dass männliche Gehirne offenbar für eine Kommunikation innerhalb der Hirnhälften optimiert sind. So hatten zum Beispiel einzelne Unterbereiche des Gehirns viele Verknüpfungen mit ihren direkten Nachbarbereichen. Es gab also mehr lokale Verbindungen mit kurzer Reichweite. Bei Frauen hingegen fanden die Wissenschaftler mehr längere Nervenverbindungen vor allem zwischen den beiden Gehirnhälften. Nur im Kleinhirn war es genau andersherum: Dort gab es bei den Männern viele Verbindungen zwischen den, bei Frauen innerhalb der beiden Hälften. Die Unterschiede zwischen den Geschlechtern verstärkten sich im Laufe der Altersentwicklung, zeigte die Untersuchung weiter. In verschiedenen Verhaltensstudien war schon zuvor festgestellt worden, dass sich Frauen statistisch gesehen Wörter und Gesichter merken können, aufmerksamer sind und bessere soziale Fähigkeiten haben als Männer. Diese wiederum konnten räumliche Informationen besser verarbeiten und schnitten bei motorischen Aufgaben besser ab. Die beobachteten Unterschiede in der Hirnverknüpfung deckten sich mit diesen Beobachtungen, schreiben die Wissenschaftler.«

25 Ebenda.

26 Sex differences in the structural connectome of the human brain Madhura Ingalhikara,1, Alex Smitha,1, Drew Parkera, Theodore D. Satterthwaiteb, Mark A. Elliottc, Kosha Ruparelb, Hakon Hakonarsond, Raquel E. Gurb, Ruben C. Gurb, and Ragini Vermaa, 2 a Section of Biomedical Image Analysis and cCenter for Magnetic Resonance and Optical Imaging, epartment of Radiology, and bDepartment of Neuropsychiatry, Perelman School of Medicine, University of Pennsylvania, Philadelphia, PA 19104; and dCenter for Applied

Genomics, Children's Hospital of Philadelphia, Philadelphia, PA 19104 Edited by Charles Gross, Princeton University, Princeton, NJ, and approved November 1, 2013 (received for review September 9, 2013)

»Significance: Sex differences are of high scientific and societal interest because of their prominence in behavior of humans and nonhuman species. This work is highly significant because it studies a very large population of 949 youths (8–22 y, 428 males and 521 females) using the diffusion-based structural connectome of the brain, identifying novel sex differences. The results establish that male brains are optimized for intrahemispheric and female brains for interhemispheric communication. The developmental trajectories of males and females separate at a young age, demonstrating wide differences during adolescence and adulthood. The observations suggest that male brains are structured to facilitate connectivity between perception and coordinated action, whereas female brains are designed to facilitate communication between analytical and intuitive processing modes.

Abstract: Sex differences in human behavior show adaptive complementarity: Males have better motor and spatial abilities, whereas females have superior memory and social cognition skills. Studies also show sex differences in human brains but do not explain this complementarity. In this work, we modeled the structural connectome using diffusion tensor imaging in a sample of 949 youths (aged 8–22 y, 428 males and 521 females) and discovered unique sex differences in brain connectivity during the course of development. Connection-wise statistical analysis, as well as analysis of regional and global network measures, presented a comprehensive description of network characteristics. In all supratentorial regions, males had greater within-hemispheric connectivity, as well as enhanced modularity and transitivity, whereas between-hemispheric connectivity and cross-module participation predominated in females. However, this effect was reversed in the cerebellar connections. Analysis of these changes developmentally demonstrated differences in trajectory between males and females mainly in adolescence and in adulthood. Overall, the results suggest that male brains are structured to facilitate connectivity between perception and coordinated action, whereas female brains are designed to facilitate communication between analytical and intuitive processing modes.«

27 Buholzer, Sonja A. Frauenzeit. Erfolgsstrategien für Frauen, Zürich, 2000, Kapitel 10: Joint Leadership: Neue Spielregeln der Zusammenarbeit von Frau und Mann.

28 Köhler, Andrea. «Coachen oder Kuscheln?«, in: Neue Zürcher Zeitung, 28.10.2013.

29 Bronnie Ware. 5 Dinge, die Sterbende am meisten bereuen. Einsichten, die Ihr Leben verändern werden. München, 2013, S. 324; dieses Buch fasst eindrücklich zusammen, was Menschen auf dem Sterbebett retrospektiv anders gemacht hätten. Eine eindrückliche Bilanz zahlreicher Lebensweisheiten und der Impuls, eigene Veränderungen anzustoßen und damit das Leben zu leben, das jeder leben will.

30 Vgl. auch Artikel von: Valsecchi, Flurina. »Männer wollen Bestzeit laufen«, in Neue Luzerner Zeitung, Nr. 7, 10.1.2014.

31 Bereits 1230 beginnt die Urkundensprache von den Frauen zu reden, »die das Volk Beginen« nennt und die als gesamteuropäisches Phänomen eine außerklösterliche Form von weiblicher Religiosität und Selbstversorgung leben. Nicht genug, sie unterhielten auch eifrig Handelsbeziehungen und betätigten sich spirituell, sozialpolitisch und unternehmerisch. Sie lernten Latein und begannen mit Bibel-Exegese! Da diese erste historisch nachweisbare Frauenbewegung an Einfluss und Größe stets zunahm, wurde das Beginentum zur Bedrohung für die katholische Kirche. Sie musste handeln, wollte sie ihre Autorität nicht weiter gefährden. 1310 setzte die Kirche zwei von Papst Clemens erlassene Bullen gegen die Beginen ab und im gleichen Jahr wurde ein erstes Exempel zur Abschreckung statuiert: Das später anonym weiterverbreitete Werk der Begine Margarete Porete »Der Spiegel einfacher Seelen« wurde von der Kirche als ketzerisch verdammt und in aller Öffentlichkeit und in Gegenwart der Verfasserin verbrannt. Margarete Porete selbst wurde – als eine der ersten Beginen-Frauen – anschließend auf dem Scheiterhaufen hingerichtet und wird damit zum traurigen Symbol zahlreicher Ordensfrauen, die ihr Schicksal, als Frau geboren zu sein, in unmissverständlicher Weise beklagten. Jeder Ausbruch aus den Zwängen der Rollenzuweisung bedeutete ab jetzt Häresie, Ketzertum und damit für Jahrhunderte Tod. (vgl. 32)

32 Eine der empfehlenswertesten Studien hierzu bieten: Becker, Gabriele; Bovenschen, Silvia; Bracker, Helmut u.a. Aus der Zeit der Verzweiflung. Zur Genese und Aktualität des Hexenbildes. Frankfurt am Main, 1988.

33 Miles, Rosalind. Weltgeschichte der Frau. Düsseldorf, Wien, New York, 1990.

34 Vgl. hierzu Buholzer, Sonja A. Frauenzeit. Erfolgsstrategien für Frauen. Zürich, 2000, Kap. 1 ff.

35 Baars, Bernard J. Das Schauspiel des Denkens. Neuro-wissenschaftliche Erkundigungen. Stuttgart, 1997, S. 83.

36 Köppel, Roger. Frau und Mann, Editorial, in: Die Weltwoche, Ausgabe 40/2013.

37 Leitartikel von Michael Stürmer, »Die Einsamkeit der Karrierefrau«, in: Die Welt, 30.1.2010.

38 Buholzer, Sonja A. Frauenzeit. Erfolgsstrategien für Frauen. Zürich, 2000, 177 ff.

39 Sandrine Devillard/Sandra Sancier-Sultan (directors in McKinsey's Paris office): »McKinsey Global Survey results. Moving mind-sets on gender diversity«: The online survey was in the field from August 20 to September 6, 2013, and received responses from 1,421 executives (624 men and 797 women) representing the full range of regions, industries, company sizes, tenures, and functional specialties. To adjust for differences in sponse rates,the data are weighted by the contribution of each respondent's nation to global GDP. For more, see the full report: »Women Matter 2012: Making the Breakthrough«, McKinsey Company, März 2012.

40 Lee Whorf, Benjamin. Sprache – Denken – Wirklichkeit. Beiträge zur Metalinguistik und Sprachphilosophie. Hrsg. u. übers. v. Peter Krausser, Hamburg, 1985.

41 Imhasly, Bernard; Marfurt, Bernhard; Portmann, Paul. Konzepte der Linguistik. Athenaion, Reihe Studienbücher zur Linguistik und Literaturwissenschaft, Nr. 9, Wiesbaden, 1979.

42 Lee Whorf, Benjamin. Sprache – Denken – Wirklichkeit. Beiträge zur Metalinguistik und Sprachphilosophie. Hrsg. u. übers. v. Peter Krausser, Hamburg, 1985.

43 Trömel-Plötz, Senta. Frauensprache – Sprache der Veränderung. Frankfurt, 1982; sowie Trömel-Plötz, Senta. Gewalt durch Sprache. Frankfurt am Main, 1988.

44 Pusch, Luise. Das Deutsche als Männersprache. Frankfurt am Main, 1984.

45 Buholzer, Sonja A. Frauenzeit. Erfolgsstrategien für Frauen. Zürich, 2000.

»Zauberwort ›Ich‹: Sie sagen laut und deutlich ›ich‹ und vermeiden die wässrige »man«-Form, die von jeder Verantwortlichkeit ablenkt und jeden noch so intelligenten Sprachinhalt sofort dämpft und relativiert. Stehen Sie mit dem Wort »ich« zu sich selber, Ihrem Denken, Ihrer Meinung, Ihrer Botschaft. Sie setzen mit diesem kleinen, powervollen Wort die Unterschrift unter das von Ihnen Gesagte und geben sich zu erkennen. Damit geben Sie Ihrem Gesprächspartner die Wahlmöglichkeit, ja oder nein zu sagen. Weil Sie Stellung beziehen, verführen Sie Ihr Gegenüber ebenfalls zur einmaligen Chance, seine Stellung zu beziehen. Und dies ist eine wahrhaft wundervolle Ausgangslage für einen Dialog, mögen die Meinungen auch noch so weit auseinanderklaffen.

Indikativ versus Konjunktiv II:

Achten Sie darauf, wie erfolgreiche Menschen sprechen. Sie leben in der von ihnen als real wahrgenommenen Welt und geben Sie sprachlich auch als real wieder: im *Indikativ, in der Wirklichkeitsform*. Menschen aber, die sich ihrer Verantwortung und Selbstbestimmung entziehen, verstecken sich sehr häufig im Chaos der Umlaute: »Wenn ich wirklich *wollte, könnte* ich das auch. Jedoch *müsste* ich dazu noch alles Mögliche *versuchen*, was ich nie tun *würde*, weil ich dann etwas in meinem Leben verändern *müsste*«. »*Ich glaube*, wir müssten das eigentlich so und so machen« und »*ich glaube*, wir müssen das so und so machen« ist eine wesentlich andere Aussage. Im ersten Fall verbindet sich »glauben« mit Konjunktiv II (müssten) und »eigentlich«; damit zeigt sich der Sprechende unverbindlich, verwässert und relativ zielschwach. Im zweiten Beispiel steht das »ich glaube«/»ich denke« als rhetorische Satzeinleitung und fokussiert mit »wir müssen« eine klare Richtung für die Lösung. Mit anderen Worten: Wann immer Sie konfrontiert werden mit diesem »ich glaube«, achten Sie auf alles, was nachher kommt. Sie selber verwenden diese Satzeinleitung aber stets mit der Gewinnerinnen-Sprache und nehmen sie als Auftakt für eine klare Aussage danach.

Vergessen Sie nicht: Die Sprache ist ein Gesamtkunstwerk, das als Ganzes wirkt und in seinen Einzelteilen unverstanden bleibt! Und noch etwas: Setzen Sie Ihre Körpersprache ein! Machen Sie sich niemals kleiner!«

46 The online survey was in the field from August 20 to September 6, 2013, and received responses from 1,421 executives (624 men and 797 women) representing the full range of regions, industries, company sizes, tenures, and functional specialties. To adjust for differences in response rates, the data are weighted by the contribution of each respondent's nation to global GDP. For more, see the full report: »Women Matter 2012: Making the Breakthrough«, McKinsey Company, März 2012.

47 Zitiert aus CNNMoney, 12.2.2014: The Most powerful Women in Business 2013; Global Edition. Zu den zehn mächtigsten femal power players ernannt wurden:

Rank	Name	Age	Company Name
1	Ginni Rometty	56	IBM
2	Indra Nooyi	57	PepsiCo
3	Ellen Kullman	57	DuPont
4	Marillyn Hewson	59	Lockheed Martin
5	Sheryl Sandberg	44	Facebook
6	Irene Rosenfeld	60	Mondelez
7	Patricia Woertz	60	Archer Daniels Midland
8	Marissa Mayer	38	Yahoo
9	Meg Whitman	57	HP
10	Abigail Johnson	51	Fidelity Investments

48 Khalsa, Mahan; Illig, Randy. Let's get real or let's not play: Transforming the Buyer/Seller Relationship. New York, 2008, S. 33.

49 Buholzer, Sonja A. Pocket Guide Frauenzeit. Zürich, 2002, S. 30 ff.

50 Hewlett, Sylvia Ann. «Forget a Mentor, Find a Sponsor: The New Way to Fast-Track Your Career«, in: Harvard Business Review Press, 2013.

51 Haden, Jeff (Inc.). «9 Simple Things Great Speakers Always Do«, (in Referenzierung auf Boris Veldhuijzen van Zantens Artikel) in: Business Insider, 4.2.2014; sowie: Haden, Jeff (Inc.). «10 phrases great speakers never say«, in: Business Insider, 4.2.2014.

Die nicht ausgewiesenen Zitate in diesem Buch stammen alle von der Autorin.

Bibliografie / Weiterführende Literatur

Assig, Dorothea; Echter, Dorothee. Ambition. Wie große Karrieren gelingen. Frankfurt am Main, 2012.

Baars, Bernard J. Das Schauspiel des Denkens. Neuro-wissenschaftliche Erkundigungen. Stuttgart, 1997.

Becker, Gabriele; Bovenschen, Silvia; Bracker, Helmut u.a. Aus der Zeit der Verzweiflung. Zur Genese und Aktualität des Hexenbildes. Frankfurt am Main, 1988.

Bronnie Ware. 5 Dinge, die Sterbende am meisten bereuen. Einsichten, die Ihr Leben verändern werden. München, 2013.

Drewermann, Eugen. Zeiten der Liebe. Freiburg im Breisgau, 1992.

Frankel, Lois P. Nice Girls don't get the corner office. 101 unconscious mistakes women make that sabotage their careers. New York, 2004.

Göttner-Abendroth, Heide. Die tanzende Göttin. Prinzipien einer matriarchalen Aesthetik. München, 1984.

Göttner-Abendroth, Heide. Die Göttin und ihr Heros. Die matriarchalen Religionen in Mythos, Märchen und Dichtung. München, 1984.

Haaf, Meredith; Klingner, Susanne; Streidl, Barbara. Wir Alphamädchen. Warum Feminismus das Leben schöner macht. Blanvalet, Random House GmbH, München, 2009.

Heath, Kathryn »Women, Find Your Voice!« in: Harvard Business Review. Watertown, 2014.

Imhasly, Bernard; Marfurt, Bernhard; Portmann, Paul. Konzepte der Linguistik. Athenaion, Reihe Studienbücher zur Linguistik und Literaturwissenschaft, Nr. 9, Wiesbaden, 1979.

Jäger, Jill. Was verträgt unsere Erde noch? Wege in die Nachhaltigkeit. Herausgegeben von Klaus Wiegandt, Fischer Taschenbücher Allgemeine Reihe. Frankfurt am Main, 2007.

Kinkade, Amelia. Tierisch gute Gespräche. Weilersbach, 2005.

Kruse L. Handbuch Nachhaltigkeitskommunikation. Grundlagen und Praxis. 2. Neuaufl., München, 2007.

Khalsa, Mahan; Illig, Randy. Let's get real or let's not play: Transforming the Buyer/Seller Relationship. New York, 2008.

Knaths, Marion. Spiele mit der Macht. Wie Frauen sich durchsetzen. München, 2012.

Krogerus, Mikael; Tschäppeler, Roman. The Decision Book. Fifty models for strategic thinking. London, 2011.

Lanfranconi, Claudia; Meiners, Antonia. Kluge Geschäftsfrauen. Berlin, 2013.

Lee Whorf, Benjamin. Sprache – Denken – Wirklichkeit. Beiträge zur Metalinguistik und Sprachphilosophie. Hrsg. u. übers. v. Peter Krausser, Hamburg, 1985.

Löbbert, Sonja. Das Zeitalter der Frau. Die Führungskultur der Zukunft ist weiblich. München, 2008.

Meckel, Miriam. Das Glück der Unerreichbarkeit. Wege aus der Kommunikationsfalle. Hamburg, 2007.

Modler, Peter. Das Arroganz Prinzip. So haben Frauen mehr Erfolg im Beruf. Frankfurt am Main, 2012.

Miles, Rosalind. Weltgeschichte der Frau. Düsseldorf, Wien, New York, 1990.

Mitscherlich, Margarete. Die Zukunft ist weiblich. München, 1997.

Kosser, Ursula. Ohne uns. Die Generation Y und ihre Absage an das Leistungsdenken. Köln, 2014.

Och, Andrea; Daniels, Katharina. Lust auf Macht. Wie (nicht nur) Frauen an die Spitze kommen! Wien, 2013.

Pusch, Luise. Das Deutsche als Männersprache. Frankfurt am Main, 1984.

Rohr, Richard. Reifes Leben. Eine spirituelle Reise. Herder GmbH, Freiburg im Breisgau, 2012.

Rubin, Harriet. Machiavelli für Frauen. Strategie und Taktik im Kampf der Geschlechter. Frankfurt am Main, 1998.

Rubin, Harriet. Soloing. Die Macht des Glaubens an sich selbst. Frankfurt am Main, 2001.

Salbe, Linde. Lou Andreas-Salomé. Reinbek bei Hamburg, 1990.

Schlieben-Lange, Brigitte. Soziolinguistik. Eine Einführung. Berlin, Köln, Mainz, 1978.

Trömel-Plötz, Senta. Frauensprache – Sprache der Veränderung. Frankfurt, 1982.

Trömel-Plötz, Senta. Gewalt durch Sprache. Frankfurt am Main, 1988.

Ware, Bronnie. 5 Dinge, die Sterbende am meisten bereuen. Einsichten, die Ihr Leben verändern werden. München, 2013.

Wolf, Alison. The XX Factor. How working women are creating a new society. London, 2013.

Zweig, Jason. Gier. Neuroökonomie: Wie wir ticken, wenn es ums Geld geht. München, 2007.

Artikel / Online-Publikationen

Buchhorn, Eva. »Karrierefrauen. Nichts wie raus«, in: Spiegel Online, 29.8.2011.

Dierke, Kai W.; Houben, Anke. »Frauen im Management. Die Vorurteilsfalle«, in: Harvard Business Manager, 23.9.2013.

Flynn, Jill; Heath, Kathryn; Holt Mary Davis. »Six Paradoxes Women Leaders Face in 2013«, in: Harvard Business Review, 3.1.2013.

Flynn, Jill; Heath, Kathryn; Holt Mary Davis. »Six Paradoxes Women Leaders Face in 2013«, in: Harvard Business Review, 3.1.2013.

Gut, Philipp. »Männer kämpfen, Frauen profitieren«, in: Die Weltwoche, Ausgabe 48, 2009.

Gut, Philipp. »Karriere ist für Frauen etwas anderes«, in: Die Weltwoche, Ausgabe 7, 2010.

Haden, Jeff (Inc.). «9 Simple Things Great Speakers Always Do«, (in Referenzierung auf Boris Veldhuijzen van Zantens Artikel) in: Business Insider, 4.2.2014.

Haden, Jeff (Inc.). «10 phrases great speakers never say«, in: Business Insider, 4.2.2014.

Haefliger, Michael. Intendant des Lucerne Festival, zitiert in: Der Tagesspiegel, Kultur. 20.1.2014.

Hewlett, Sylvia Ann. «Forget a Mentor, Find a Sponsor: The New Way to Fast-Track Your Career«, in: Harvard Business Review Press, 2013.

Köhler, Andrea. «Coachen oder Kuscheln?«, in: Neue Zürcher Zeitung, 28.10.2013.

Köppel, Roger. »Frau und Mann. Ein paar grundsätzliche Überlegungen zur aktuellen Titelgeschichte«, Editorial, in: Die Weltwoche, Ausgabe 40, 2013.

Schlag, Beatrice. »Einsame Weltklasse«, in: Die Weltwoche, Ausgabe 32, 2012.

Stürmer, Michael. »Die Einsamkeit der Karrierefrau«, Leitartikel, in: Die Welt, 30.1.2010.

Valsecchi, Flurina. »Männer wollen Bestzeit laufen«, in: Neue Luzerner Zeitung, Nr. 7, 10.1.2014.

Weidner, Ingrid. »Väter wollen ihre Kinder nicht nur im Schlafanzug sehen«, in: Accenture-Studie (Thought Leadership), 28.4.2014.

»The Most powerful Women in Business 2013«, in: CNNMoney, Global Edition, 12.2.2014.

»Women Matter 2012: Making the Breakthrough«, McKinsey Company, März 2012.

«Topmanager-Qualitäten«, Studie, in: na. presseportal. Rechercheplattform von News aktuell, 15.5.2013.

»Shameful. Women really do have to be at least twice as good as men to succeed«. Studie, in: The Economist/Science and Technology, Mai 1997.

Weitere Netzhinweise

Bierach, Barbara. »Hyänen im Hosenanzug«, in: Welt Online, 23.10.2005.

Bierach, Barbara. »Frauen fahren ihre Krallen aus«, in: Handelsblatt, 10.5.2007.

Bischoff, Sonja. »Viele Frauen brechen Ihre Karriere selbst ab«, in: 3SAT.

Engeser, Manfred et al. »Quote: Die entzauberten Top-Managerinnen«, in: Wirtschaftswoche, 27.4.2013

Schlag, Beatrice. »Sie könnten, doch sie wollen nicht«, in: Focus Online, 7.4.2008.

Schlag, Beatrice. »Eine Frage der Hormone«, in: Die Weltwoche, Ausgabe 12, 2008.

»Privilegierte Frauen: Schluss mit dem Quotengejammere!«, in: Cicero Online, 20.11.2012.

»Das Gemeckere ist verlogen«, Interview mit Barbara Bierach zu ihrem Buch »Das dämliche Geschlecht«, in: Spiegel Online, 18.11.2002.

Dank

Mein herzlicher Dank gilt all meinen Gesprächspartnerinnen und Gesprächspartnern. Meine Hochachtung vor so viel Kompetenz, Offenheit, Vertrauen und Bereitschaft, einen eigenen, ganz persönlichen Beitrag zu dieser Diskussion zu leisten. Ich bin berührt von vielen Aussagen, betroffen von Schicksalen, dankbar für jedes Gespräch und dankbar Ihnen allen, die sich mit dem Thema beschäftigen.

Ihnen und allen Persönlichkeiten in Wirtschaft und Politik, die diese Welt etwas lebbarer und gerechter, nachhaltiger und feinfühliger gestalten, sei dieses Buch hoffnungsvoll gewidmet.

Mögen Sie, liebe Leserin, lieber Leser, einige konkrete Anregungen umsetzen, die Ihnen Mut und Inspiration für Ihren ganz eigenen, eigenwillig authentischen Karriere-Weg schenken.

Kontakt

Für Referate & Keynotes, Executive Coaching,
CEO-Coaching, Management Coaching für Frauen,
für Leadership- und Managementberatung steht die
Autorin unter folgender Anschrift zur Verfügung:

Dr. phil. Sonja A. Buholzer, M. A.

E-Mail: sonjabuholzer@vestalia.ch
www.vestalia.ch   www.sonjabuholzer.ch

Telefon: +41 44 219 60 30
Telefax: +41 44 219 60 31

VESTALIA VISION
Wirtschafts- und Unternehmensberatung
Management- und Karrierecoaching
Büro Zürich: Löwenstrasse 62
CH-8001 Zürich

Weitere Bücher / Bestseller von Sonja A. Buholzer zu Management-Themen:

Die Frau im Haifischbecken.
Was wir vom »Topräuber« der Meere lernen können. Zürich: WOA, 2010.*

Shark Leadership.
Management hinter den Grenzen der Angst.
Zürich: Orell Füssli Verlag, 2006.* Auch als Hörbuch erhältlich.*

Umdenken, jetzt!
Ein Buch für Mutige. Zürich: Orell Füssli Verlag, 2008.*

Solange du liebst.
Botschaften einer Rebellin. Bern: eFeF-Verlag, 2004.*
Auch als Hörbuch erhältlich, nominiert für den Deutschen Hörbuchpreis.*

Überlebensstrategien für Frauen.
Pocket-Guide Frauenzeit. Zürich: Orell Füssli Verlag, 2002.*

Ver-rückte Zeiten.
Die neuen Rollen im Welttheater des 21. Jahrhunderts.
Zürich: Orell Füssli Verlag, 2001.*

Frauenzeit.
Erfolgsstrategien für Gewinnerinnen. Zürich: Orell Füssli Verlag, 2000*.
Auch als Hörbuch und Taschenbuch* unter dem Titel »Frauen starten durch«, Landsberg: mvg-Verlag, 2001, erhältlich.*

Aufbruch.
Profilierte Frauen in Wirtschaft, Wissenschaft und Kultur,
Zürich: Orell Füssli Verlag, 1999.*

Die mit * gekennzeichneten Titel können direkt bei der Autorin bezogen werden.